軍隊と自由

軍隊と自由

シビリアン・コントロールへの法制史

藤田嗣雄

書肆心水

軍隊と自由

目次

軍隊と自由

シビリアン・コントロールへの法制史

凡例

一、本書は藤田嗣雄著『軍隊と自由』（一九五三年、河出書房刊行）の新組復刻版である。副書名は本書刊行所が付加した。
一、本書は初版本においても新字体漢字、新仮名遣いで表記されているが、ごく一部に使用されている旧字体漢字は新字体漢字に置き換え、促音の「つ」は「っ」に置き換えた。原文日本語の史料の仮名遣いは元のままの表記を原則としたが、その史料が新仮名遣いで記されている場合には促音の「つ」を「っ」に置き換えた。
一、送り仮名は現今一般の慣例に即すように加減した。
一、「屢々」のように現今一般に漢字表記が避けられる語は仮名に置き換えた。
一、「出来事」のように現今一般に漢字表記されるものが仮名表記になっているものを漢字表記に置き換えた。
一、書名は『　』括りで統一した。
一、読点を句点に置き換えたところ、句点を読点に置き換えたところ、読点を中黒点に置き換えたところ、読点や中黒点を補ったところがある。
一、史料中の合略仮名は通常の仮名に置き換えた。
一、「—」のうち「——」であるほうが適切と考えられるものを「——」に置き換えた。
一、脱字は適切と考えられるものを〔　〕で括って補った。

序

日本国は、「日本国との平和条約」第五条C項によって、「主権国として国際連合憲章第五十一条に掲げる個別的又は集団的自衛の固有の権利を有すること及び日本国が集団的安全保障取極を自発的に締結することができる」ことが承認されている。だが、「日本国とアメリカ合衆国との間の安全保障条約」の前文において示されているように、「日本国は、武装を解除されているので」、「固有の自衛権を行使する有効な手段をもたない」。アメリカ合衆国によって、「日本国が、攻撃的な脅威となり又は国際連合憲章の目的及び原則に従って平和と安全を増進すること以外に用いられうべき軍備をもつことを常に避けつつ、直接及び間接の侵略に対する自国の防衛のために漸増的に自ら責任を負うべきこと」が期待されている。従って日本国は内乱及び騒擾の鎮圧を含めてその自衛に関して、いつまでもアメリカ合衆国の軍隊による援助を期待することが許されないであろう。

日本国は主権国として自衛の手段を有しなければならない。これがために軍隊の再建を要し、憲法の改正が必要となされるに至るであろう。軍隊の再建にあたって、われわれは過去の誤りが再び繰り返されてはならないことを念願するものである。

軍隊は日本国憲法に貫徹されている基本的原則である、自由・民主主義に妥当せしめられることによってのみ再建されなければならない。

本著においては、自由・民主主義的なイギリス、アメリカ及びフランス並びにかつて絶対主義的であったわが国及びプロイセン・ドイツの当該制度を比較対照しつつ、自由主義軍隊がどんなものであるかが検討されている。

このような類書が、わが国においてはもちろん、西欧諸国においても殆んど存在してはおらないと認められる今日において、未だそれが決して完全であるとはなし難いとしても、もしもわが国の再建に際して、多少なりとも貢献することができるならば、著者の欣びこれに過ぎるものがないであろう。

昭和二十八年三月

著者

序編　文権優越の意義

第一章　民主主義の意義

一　自由・民主主義

絶対制

この制の下では、君主は最高の立法者、行政者及び裁判者であるとともに、軍隊の大元帥であり且つ戦場における最高指揮者であった。君主は軍隊における第一位の軍人であるとともに、国家の最高の従僕であった。無条件の統帥権が絶対的文権の淵源でもあり、また模範でもあった。

権力の分立は存在しない。文武両権も、また立法、行政及び司法の三権も分立せしめられない。軍事的憲法は政治的憲法と直接一致していた。

継続し且つ独立的な軍事的秩序の基礎の上においてのみ、包括的且つ無制限な、絶対制を特徴づける、政治力が建設されることができた。しかし常備軍は絶対制の完成にとって、単なる権力手段以上のものであった。まず常備軍の秩序から、絶対制はその、いきいきしている本質的な特徴を獲得した。絶対制憲法は全体として、常備軍の憲法から誘致された。国王の主権は大元帥の、制限されない統帥権の模写であった。臣民の義務は無条件な軍事的服従義務の拡張されたものであった。憲法におけると同様に、絶対制行政は常備軍の基礎への適合から生じた。軍事行政官庁から一般国家行政が形成され、軍隊給養の経済的必要から国家的租税制度及び重商主義的国家経済が生じた。絶対制の憲法、行政、財政制度及び経済、並びに国家概念すらも、軍事的秩序から一般政治的秩序にもち来たされた制度でもあり、形態でもあり、また概念でもあった。絶対制国家は、軍隊が国家において優先的であり且つ確固である役割を演ずるといった外観的な意味においてであるばかりでなく、国家が公共事項の全体に軍事的秩序が拡大されたものに過ぎないという深遠な意味において、軍事的国家であった。

このような絶対制は、欧州大陸において、スペイン、フランス及びドイツに見出された。君主が絶対的となることによって近代国家が発展した。これはかの封建制が依存していた封建的且つ等族的な既得権の除去によってなしとげられた。

絶対制の克服

一七八九年のフランス革命において、現代的な、自由及び民主主義的な要素が融合した憲法が生じた。その思想的な前提は、憲法制定権の理論である。ここに憲法制定権とは、国民を政治的に存在する勢力として前提する。かくしてかのナションNationといった概念が生ずる。歴史的には、このような政治的統一体及び国民的団結の概念が欧州大陸において、絶対君主制の政治的団結の結果として生じたということができる。これに反してイギリスでは、島国であることによって、中世的な政治体制から国民的統一への連続した発展が可能ならしめられた。ところが、フランスでは、ナションの概念がその国法的な意味でまず第一に理論的に把握された。だが憲法理論的には、フランス革命では二つの異った出来事と思想体系が互に離れ離れになっている。第一にはフランス国民が憲法制定権者として組成された。自ら憲法を制定することによって、その存在の特別の様式及び形態に関する決定の今後の行動に着手した。これはその政治的存在が憲法制定に先行することを意味する。政治的に存在していないものが、意識して決定することができないのは、誠に当然である。

フランス革命の第二の意味は、市民的及び法治国的な憲法が制定されるに至ったことである。国権の行使が制限され且つコントロールされる憲法が制定され、それによってフランスは、新規な政治的存在となった。ナションが憲法制定権者として絶対制君主に対立し、その絶対制を除去したときに、自分自身がその代わりに絶対的となった。この絶対性は不変な且つ上昇する力でかたまった。そこで今や国民自身が国家と政治的には一体をなすに至った。この出来事の政治力は、国家権力の上昇に導かれた。これに反して自由主義憲法によって、国権の行使が規制され、分立され且つ制限されなければならなかった。この権力の分立は、絶対制の君主又は政治意識から覚醒させられ、絶対的となったナションによって行使される。あらゆる種類の政治的絶対制の止揚及び除去を意味した。フランス革命の政治的な偉大さは、あらゆる自由主義及び法治国的原則にも拘わらず、フランス国民の政治的統一体といった思想が、決定的な標準点たるべく、瞬時も中絶しなかったことに存する。国権のあらゆる識別、分割、抑制及びコントロールが、政治的統一体の内部及び範囲内においてのみ行動していたことは、疑問の余地がない。憲法は君主と国民の間、又はなんらかの等族的な組織間における契約ではなく、一つの且つ分割されない「ナション」によって制定された。いうまでもなくあらゆる憲法は常にこのような統一体を前提とする。

ここで「憲法制定権」に関して一言を費さなければならない。フランス革命に際して、シェーエズ Sieyès は、憲法制定権者としての「ナション」の理論を発展させた。絶対制君主は一八世紀においては、まだ憲法制定権者として表示されないで、神の制定権のキリスト教的且つ神学的な概念が、あらゆる啓蒙にも拘わらず、なお生々として且つ強力に存在していた。アメリカ及びフランス両革命によって新しい時代が劃せられるに至った。だが一七七六年のアメリカの独立宣言においては、この新規な原則は未だ明瞭には認識されなかった。ここでは新規な政治的組織が生じ、且ついくたの新国家の政治的論建を以て憲法立法事業が同時に行われた。一七八九年のフランス革命は右とは全然相違している。ここでは新しい政治的組織・新しい国家は生まれなかった。フランスは従前から存在し且つその存続をなしている。それ故ここでは人々は自己の政治的存在の様式及び形態を意識した決定で自分自身で形成しなければならなかった。従って憲法制定権の問題が解決されなければならないこととなった。

民主主義の本質

民主主義の理念の中には、「自由」と「平等」が包含されている。そして平等は自由に比して第二義的な地位におかれている。

現代の市民的・法治国的国家の憲法は、その原則において市民的個人主義の憲法理想に適合している。これらの原則は憲法と率直に同一視され、また「憲法国家」は「市民的な法治国」と同一な意義を有するものとなされている。従って自由主義軍隊が個人主義的見地から形成されていることは疑問の余地がない。

このような憲法は市民的自由を包含せしめている。ここに市民的自由とは、人身の自由、私有財産、契約の自由、商業及び産業の自由等をいう。国家は社会の厳重にコントロールされた従僕をもなすことができる。従って憲法は、国家に対して個人の保護のための法規範の体系に外ならない。このような憲法の下では、武権は常に文権に従属せしめられ、かの文権優越を生ぜしめている。

現代の、市民的・法治国的な憲法は、その歴史的な生成及びその支配的な基本的規範に従えば、市民的自由の意味での自由主義憲法である。その意味及び目標は、国権の濫用に対して市民を防衛することに存する。

市民的自由の基本的理念から二つの結論が生ずる。ここに結論とは、あらゆる現代的憲法の法治国的な構成要素をなすところの二つの原則をいう。

その一は、いわゆる「割当原則」である。この原則によると、個人の自由の範囲は、なんだか国家に先行する所与として前提され、そして国家がこの範囲に関与する権能は原則として制限されていることが前提されているのに、個人の自由は原則として無制限である。

その二は、いわゆる「組織原則」である。この原則はさきに述べた分割原則の遂行に役立つ。原則として制限された国家が分割され且つ限定された権限の体系に把握される。割当原則は、これをいいかえられると、いわゆる基本権又は自由権の並列となる。組織原則は、いわゆる権力分立の理論の中に包含される。ここに国家的な権力行使の種々の部門の区分が問題となり、通例立法、行政及び司法の三権が分立せしめられる。このような分立は、これら三権の相互のコントロール及び抑制のために役立つ。かくして基本権及び権力の分立が現代憲法の法治国的な構成要素の本質的な内容をなしている。民主主義的な原則として、しばしば同時に「平等」及び「自由」があげられる。だが真実においては、これら二つの原則は、その前提、内容及び作用において多種であり、またしばしば対比させられている。より正確にいうと、平等のみが、内政的には民主的原則として妥当する。内政的な自由は、市民的な法治国の原則である。

平等の民主主義的な概念は、政治的概念であり、あらゆる真の、政治的概念のように、差別の可能性に関連を有する。それ故政治的民主制は、あらゆる人々の無差別性にはかからないで、一定の国家への従属に存しており、一定の国家への従属は、甚だ多様の契機（共通の種族、信仰、一般的な運命及び伝統等の概念）によって定められることができる。かくの如く、民主制の本質に属する平等は、内部への み向けられ、外部にむかってはそうではない。民主的国家の内部では、すべての国民は平等である。これから政治的及び国法的な観察が生ずる。国民ではない者にとっては、このような民主的平等は問題とはならない。それ故外国人が、平等に取り扱われる限り、政治的事項ではなく、非政治的領域における一般の自由主義的な自由権（財産権・権利保護等）の結果にかかっている。

民主的な平等は、本質的に国民の同質性に存する。民主制の中心概念は国民であって、人類ではない。民主制が総じて政治的形態であるべきならば、国民民主制であって、人類の民主制ではない。階級の概念も、民主制に関して国民の概念をとり代えることができない。この点は後に述べられる、人民・民主制を理解するにあたって、極めて重要なことを包含する。階級が純粋な経済的基礎の上における、純粋な経済的な概念である限り、階級は実質的な同質性を建設しない。もしも階級が争闘機構をつくるならば、真に争闘する階級は、最早や経済的な勢力ではなく、政治的勢力となる。もしも階級が国家を支配することに成功したならば、階級はこの国家において国民となる。国民の民主的概念は、人類又は階級の概念に対して対立している。

終りに、民主制とは、支配者と被支配者、統治者と被治者、命令者と受命者の一致であることをかかげておく。

二 立憲・民主主義

立憲民主主義の形成

フランスの王政復古の時代(一八一五—一八三〇年)においては、人々は「君主」と「等族」の間に締結された契約、「シャルト」Charteの中世的な概念を活気づくべく努力した。ドイツの多くの部分においては、中世的な理念と状態が生々として存続していた。とくにここの、中小諸国では、封建的且つ等族的な協定の、かの中世的出来事と憲法制定権の事業の間に差別が設けられなかった。また反革命的な理論と実際が、ナションの民主的結論からのがれるために、中世的概念を利用すべく努力した。

このような王政復古の企図の、内部的矛盾は、次のようなものである。一方において、君主は、等族的利益代表のために、国家の政治的一致を断念することができなかった。君主たちは、等族といった概念及びこれら等族との憲法契約の、国家解消的な構造を徹底的に遂行することを敢えてなさなかった。

等族的代表はなんらかの政治的決定をもち得なかった。しかしもしも等族的代表が総じて憲法に関してなにかを意味すべきであるならば、それは政治的代表でなければならなかった。それにも拘わらず、君主はこれら等族を、全然、政治的に統合された国民の代表者として承認することができなかった。さもなければ君主たちは国民を行動能力を有する、政治的統一体として承認し且つ君主主義を放棄しなければならなかったであろう。君主主義によると、君主のみがこの政治的統一体の代表者であり、国権の全部を総攬している。等族と締結した憲法契約及び君主主義は全然両立しない。君主主義の結果は、国王がその一方的行為によって憲法を欽定し、憲法制定権者として、この権を放棄しない。この種の憲法は、契約ではなく、国王によって公布された、一つの法律である。憲法の、あらゆる規範化は、原則として単に制限された権能、権限又は管轄であって、政治的統一体から分離されず、原則として無制限な且つ制限され得ない国権の全部は、君主が議会のために放棄しない限り、憲法が存するにも拘わらず君主の掌中に存在した。政治的に強力な王制の下では、立憲的憲法はその君主主義の基礎の上に生じ、憲法は国民代表とは協約されないで、欽定された。少くともドイツで、憲法が協約されたところでも、憲法の条文の確定に際しての人民代表の協力は、決して君主主義を放棄せず、国民の憲法制定権の民主主義的原則は承認されなかった。

ドイツ

一八四八年の革命は一般に、いわゆる立憲君主制に導かれた。この制の下では、君主及び人民代表が、政治的統一体の代表者として現われる。君主統治と人民代表の、二元主義が認められた。このような二元主義は、決定が延期されたときにおいてのみ現われた。あらゆる政治的統一体の中においては、唯一の憲法制定権者しか存し得ない。それ故二者択一であって、君主は君主主義の基礎の下に、その保有する国権に基いて憲法を発布するか、又は、憲法は国民の憲法制定権の行為に基いている（これが民主主義的な原則に基くものである）。根本的に相対抗するものとして、これら二つの原則は相互に混合せしめられない。決定を延期する妥協は、当然暫時しか可能ではない。そこで君主及び人民代表は決定が延期されなければならないことに関して一致している。しかしこのような妥協は、真正な事実的なものではなく、単に遷延的な形式的のものにすぎない。憲法は現実においては、あらゆる隠蔽及び回避にも拘わらず、君主の憲法制定権に基く君主主義か、又は国民の憲法制定権に基く民主主義に基いている。これら憲法の二元主義は維持し難い。あらゆる真の争議は、相互に排斥する構造原則の、いずれかを現わす。

憲法が君主によって一方的に欽定されるときには、この憲法は君主の憲法制定権に基いていることは疑問の余地がない。憲法が政治上の理由に基いて、君主と人民代表の間に協定されたとしても、君主が明示的にその憲法制定権を放棄し、人民の憲法制定権を承認しない限り、遷延的な妥協にすぎない。ドイツの各立憲君主国においては、このような民主主義は決して承認されなかった。その結果としてここでは二元的な中間状態が現出していた。このような憲法状態は、都合がよい政治的及び経済的状態の存続によって、一九一八年一一月まで存続することができた。

ドイツの立憲君主制の憲法は、単に王権の法治国的な制限のみを包含して、立憲君主制にとって典型的な、君主及び国民代表といった二つの代表である二元主義を示した、国民代表は立法の領域において一定の管轄権を有したが、その他において君主のために管轄の推定がなされた。君主は依然憲法制定権者であって、憲法的には把握されない。原則的には無制限な権力を有した。このような憲法の状態の下においては政治憲法と軍事憲法が併存し、兵権は政権に対して独立することができた。

日本

大日本帝国憲法*は立憲君主制憲法であり、この憲法が制定にあたって、ドイツとくにプロイセン憲法の影響を受けていることは顕著な事実であって、武権は文権に対して独立していた。

＊ 明治憲法に関しては、拙著『明治憲法論』（昭和二三年）においてやや詳細に述べられている。

三　人民・民主主義

現代世界では、その一つの顕著な特徴として、同一の表現が多元性を有せしめられている。たとえば「民主制」又は「自由」等についてこれを発見することができる。「民主制」とは自由・民主制又は人民・民主制を、「自由」とはブルジョア的自由又はソヴェート的自由を意味するが如きは、その一例をなすものであろう。

「人民・民主主義」の表現は新規なものである。一九四五年以来ソヴェートの勢力圏内におかれた中欧及び東欧諸国を指称するために採用され、それらの国々は順次に共産党の支配の下に帰した。だが、この表現は地理的な範囲によっては制約されていない。現に中共政府がこの中に包含されている。民主主義とは語源的に見て人民の政治又は支配を意味しており、人民・民主主義は冗語ではないであろうか。しかし、実際においては、「人民・民主主義」の表現は、「市民的又は自由・民主主義」とは異った憲法制度を指称している。自由・民主主義の下では、法律的に見て、権力はすべての公民（市民——ブルジョア又は無産階級を問わない）に属している。しかし、実際においては、有効な権力は生産手段の所有者である、ブルジョア階級に属するとされおる。これに反して人民・民主主義とは、法律上及び事実上人民大衆の支配であり、これらの大衆からは資本家たちは除外されている。それ故人民・民主主義とは、無産者の独裁に関するマルキストが、予見する憲法的表現として定義され得るであろう。

人民・民主制の、このような定義も満足すべきではない。ここで、まず第一に、ソヴェート連邦と人民・民主国の間に存在する差異が検討されなければならない。

一　ソヴェート憲法は徹底的に西欧憲法制度を攻撃し、人民・民主国においては必ずしもそうではなく、とりわけ立法権と執行権の分立を認めている。しかし、この場合においても、政治の実際はソヴェート制度から、たんと離れてはいないで、次第に、同様な、政治的に強力に組織された多数による、すべての国家機関の支配となっている。

二　一九三六年のスターリン憲法は、共産党を公認し、国家における、その役割を明確にしている。人民・民主国においては、国家の中への、共産党の統合は完全ではなく、憲法のどの条文も共産党を明示的に目がけていない。そのくせ実際の運用では、共産党はソヴェート連邦におけるが如く、国家の真の主人である。

三　ソヴェート連邦は社会主義的財産を生産のすべての手段に拡張し、非常に縮小された限度においてしか国民の個人的財産を認めない。人民・民主国では私有財産を財産権の通常の形態において認めている。実際においては、私有財産の余裕は、土地のためにも、また商業及び工業のためにも遂行される社会化政策の現実によって縮小せしめられている。

四　ソヴェート連邦は、いくたの共和国を統合した連邦を形成している。連邦を形成するソヴェート各共和国は多少広汎に渉る権限を処理するが、しかし最も重要な公権の特権は中央政府の独占である。これに反して人民・共和国は、いずれの国家的特権において削減されてはいない。国際的法律関係においては、相互間及びソヴェート連邦に関しても、絶対的に独立する集団として存在する。しかし国際的政治の現実においては、人民・共和国がソヴェート連邦に結合されている。

人民・民主国とソヴェート共和国の間における、本質的な差異は、それぞれの国際的地位に含有されている。国内制度の見地から人民・民主制及びソヴェート民主制は、余り著しくない差異しか目立させていない。みんなが無産者独裁の理念を引合いに出している。それは資本主義から社会主義に至る推移である無産者革命の完成を含んでいる。ソヴェート民主制が無産者独裁の最も精巧な形態に一致している。ところが人民・民主制は、人々が前期社会主義ともいうことができる、資本主義及び社会主義の各段階の過渡期である、一つの社会的段階を示している。

市民的又は自由・民主主義は、立法権と執行権の分立を実現している。執行権は政治権力を抑制するため並びに人民の自由を政府に対して保護するために、立法権と均衡を保っている。このような権力分立の理論は、一九三六年のソヴェート憲法では、立法機関のためにすべての政治権力の集中を実現すべく、時代遅れのものとして放棄されている。議会政治の放棄、すなわち立法権の独裁は、資本主義から社会主義への転移である、社会の変化を許容する憲法制度というべきであろう。

人民・民主制は原則として、慣例の統治形態をとっている。国家の頂点には、憲法が単に「国家の最高機関」の資格を与えている、選出された人民議会が置かれている。すくなくとも二、三の人民・民主制はかくすることを躊躇している。そして重要な点において、人民・民主制の順応性は、無産者独裁によってひらめきを以て現われている。どんな度合で人民・民主制が慣例の統治方式に内在する仕方になるかは、憲法制定権と組織された権力、立法機関による統治及び一院制を検討することによって知ることができる。

一九三六年のソヴェート憲法は、自由・民主主義国の権利宣言に著しく類似した権利章典を包含している。しかしソヴェートの自由とブルジョアの自由の間には、二つの本質的な差異が存している。その一は、私有財産権は、ソヴェート的財産権の例外的形態であり、その二は、ソヴェート的自由は設定されている制度のためにしか利用することができないといった、独特な意味を有している。

人民・民主制憲法は、自由・民主制憲法におけると、殆んど同様な権利を規定している。ブルジョア的自由の制限は、ソヴェート的型によってなされている。しかし両者が全然同一ではない。両者間において、二つの重要な不一致が存在している。

ソヴェート連邦においては、財産の通常の権利は、社会主義的又は協同的な財産であり、人民・民主制は財産権の通常な形態としては、私有財産として存在する。まず第一に、私有財産が粗野な侵害の対象となされることは、疑いないところである。第二の重要な差異は、種々の自由の質的な目録におけるよりも、むしろその偶然的な行使に存している。

このような人民・民主主義国家における、軍隊と個人の自由の関連に関しては、本著の処理すべき範囲内に属しないから、これを省略することとする。

第二章　文権と武権

一　文武両権の分離

国家が存在する限り、国防並びに治安の維持のために、兵力の存在が必要欠くべからざることは、ここにとくに述べるまでもないところである。

絶対制君主国においては、兵権は政権とともに君主の掌中に存し、国民の自由に尠からず脅威を与えていた。人民は自由・民主主義を以て、その指導理念となし、絶対制君主に対して個人の自由を伸張すべく、立法、行政及び司法の三権の分立を主張した。更に人民の自由の保障に関して、極めて重大な意義が存するものがある。これは兵政両権の分離である。兵政両権が混同する行政機関は、かの三権が混同するよりも、一層恐怖性を帯びていることは、当然である。それがため自由主義者たちは、絶対制君主から兵権を分離し、自分たちがコントロールの権能を有する文権の下に、軍隊を置き、それに対してもそのコントロールの権能を樹立せんとするに至った。文武両権の対立又は均衡は決してこれを期待し得るものではない。必ずや武権はその実力を以て文権を圧制するに至るであろう。ここにおいて自由主義者たちは、文権が武権に優越する体制を建設するに至った。この建設の経過は諸国において必ずしも一様ではなかった。その差異はそれぞれの国々の政治、経済、社会及び精神的状態によって現出せしめられている。ある国においては慣行的・伝統的に、ある国においては規範的・憲法的に樹立せしめられている。

立憲君主制国家においては、君主はその絶対制的な権威をなおも保持し続けんとして、武権をして文権から分離し、文武両権を均衡的な地位に置かんとした。しかしその憲法現実においては、軍隊が議会のコントロールを排除したばかりか、遂には政府に対しても独立するに至った。やがて自由・民主主義の発展に伴なって、遂にこのような武権の優越が崩壊するに至ったことに関しては、後に述べられるであろう。

二　文権の優越

概　説

有名な憲法歴史家ハラム Hallam は、その著『英国憲法史』の中で、「文権優越」を以て、「イギリス人のおはこの金言」であると述べている。

フランス革命前において、西欧諸国はイギリスを除き絶対制の下にあって、国王は兵政両権を一手に掌握し、常備軍を有し、文明の発達は国王の武力をいよいよ強大ならしめた。ところがイギリスでは、一六八八年の権利章典の制定によって、「常備軍の徴募及び維持は、平時においては、議会の承諾を受けるのでなければ、違法である」との主義が確認されるに至った。常備軍の存在は、イギリス人の自由の死活に関するという思想が存しており、また一方では国民の安全の保持のために、傭兵から成立する常備軍の存在が必要であることが分明し、ここにこの矛盾を解決しなければならないようになった。ところが偶然にも政治家たちが、軍隊における一時的不安を除去するために、「反乱法」Mutiny Actを立法し、この立法によって、右の難問題が解決され、ここに国王の常備軍隊が、いわゆる「立憲的」軍隊となるに至った。

イギリスにおける、この主義は、そのアメリカ植民地に伝えられ、アメリカ革命に際し制定されるに至った。いくたの権利章典、独立宣言及び憲法等中において、この主義が採用されて今日に至っている。

フランスでも一七八九年の革命に際し、人民及び市民の権利宣言第一二条及び一七九一年の憲法等において、この主義を宣明し、それぞれ規定している。これに対するアメリカの影響を無視することができないばかりか、一八世紀におけるフランスの政治哲学並びにイギリスからの直接の影響等もまたこれを否認することができないであろう。その後いくたの曲折を経たが、文権優越はフランス憲法制度上もはや動かすことができない一大原則となっている。

かくしてこれら両国の制度は、漸次欧米諸国等の諸憲法に対して、重大な影響を与えている。

イギリス

この国の歴史で軍隊が重大な意義を有し、遂に文事的統治の組織の、すべての部分を破壊するようになったのは、実にチャァレーズ一世以後のことである。この王が即位したころには、国法は各人民が州軍隊又は都市軍隊において服役する義務があることを認めるとともに、封建役務をも存在させた。そして国王が少しばかりの傭兵からなる親衛兵の外に、自己の財力で軍隊を維持することは、法の違反であるとなされていた。要するにイギリス憲法の下では、常備軍は憲法とは一致していなかった。

その後の一々の経過は、ここに暫く措き、王政復古後下院は民兵を立憲的基礎の上に置かんとしたが、詳細な規定をなすことができなかった。しかしその要綱として一法律 13 Car. II, St. 1, C, 6 のみが制定され、この前文で一六四二年五月二七日の国王の宣言の主義を採用し、

国王は民兵の指揮に関する唯一の権利者である。

と規定し、この前文は一八六三年の制定法修正法律によって、そのまま存続せしめられた。一六六〇年の一法律により封建役務は廃止されたが、一般役務は廃止されないで、再建された民兵の基礎をなした。チャァレーズ二世は多年外国にあって、西欧諸王国が常備軍の庇護の下に繁栄していることを知っていたために、軍隊の解散を喜ばず、また国王の侍臣もこれを他の方法で補充するようにと進言し、親衛兵の名の下に現今の正規軍を創設するに至った。以後国王と議会は常備軍に関して争いを継続させた。次王ゼームズ二世は一層強大な常備軍を維持しようとし、その維持に要する経費を議会に要求したところ、議会は容易にこれに同意を与えなかった。国王はその後親衛隊及び衛戍隊の兵員を増加し、しばしば議会において問題がひき起こされ、それが光栄革命の一因ともなった。

光栄革命後政治家たちは、常備軍に対してとらなければならない態度を決定しなければならないこととなった。ところが、前国王がフランスに援助を求めていたから、常備軍を解隊することが不可能であ

ったばかりか、また一方人民はすでに議会軍及び王軍の弊害に苦しんでおり、ここにおいて分割された忠誠を敢えてすることとなく、国王と議会の間に軍隊を均等に置き、一方の勢力が他方の権力を妨害せしめないようになさなければならなかった。そこで国王又は政府の勢力を破壊せず、かえってこれを強固にし、同時に議会の適法な職責を増加することによって、これを達成しなければならなかった。これらの目的を達成するために、三つの手段がとられた。

(一) 権利章典及び王位確定法 Act of Settlement によって陸軍に関する、若干の重要な原則を定め

(二) 軍隊の経費は議会とくに下院のコントロールの下に置き

(三) 国王に対し軍隊の支配 Government 及び紀律に関し、立法権を許容する

こととなされた。

一 (イ) 一六八八年二月議会 Convention Parliament は、権利宣言を可決し、更に同年一二月一六日の権利章典の中、第六項において

平時国内において常備(陸軍)を徴募は又維持することは、議会の承諾を以てなされるのでなければ、法に反する

と規定された。

この原則は今日においても陸軍に関して有効であり、第一次世界戦争中創設された空軍に対しても、権利章典中の常備軍に関する規定が適用あるものとされている。すなわち年々制定される陸軍及び空軍(年々)法律の前文中において、右の規定が繰り返されている。

国民又は議会は、常備陸軍に対してのみ、反感を抱き、何故に海軍に対してそのことがなかったかが

明らかになされなければならない。すなわち海軍は陸軍とは異り、その本質上主として外敵にあたり、外敵に対しては強力であるけれども、国内における人民の自由の侵害に対しては微力であったからである。なおこのことはアメリカの海軍に関しても同様である（フェデラリスト。第四一参照）。

なお権利章典第五項は国王に対する請願を規定し、第七項は兵器の所持を規定した。この規定はゼームズ二世が新教徒の武装を解除したことに基くものである。武器に訓練された、市民である民兵は、常備軍による権力の潜奪に対する保障であるとするところの、イギリス及びその植民地における、民衆的確信と全く密接に関連するところがあった。この権利思想は、アメリカ及びフランスの両革命及びドイツにおいても現われている。* 第九項において議会における言論の自由を規定している。権利章典第一三項は、イギリス人の疑いのない権利及び自由としてかかげられたのにも拘わらず、王権の法律的制限は、同時に人民の権利であるとの見解の下に建設されている。

＊ わが国においては、明治九年三月二八日太政官第三八号布告以て廃刀令が布告されている。これは明治維新が自由民主主義革命でなかったことの一証ともいえるであろう。

(ロ) 王位確定法 12 and 13 William III, C.2 おいて、宗教及び自由の擁護のために規定されたものの中に、イギリス人以外の者は武官として採用してはならないことが包含されていた。この主義は長く維持されていたが、漸次緩和されるに至り、一八四四年の一法律により、王位確定法中の右条項等が廃止され、外国人であって内務省から帰化状を得たときは、その数に制限なく、軍隊における職務につくことができるようになった。

二　光栄革命の後、国王は確定した経費の支払及び国王の尊厳の維持のために、「王室費」Civil List を得た。次いで特定の目的のためにする経費（軍隊維持費もこの中に入る）を得た。国王はこれらの国務の運用に関し、受託者であって、大臣たちは議会に対して責に任じた。ここに国王と議会は、軍隊経費に関して均衡を得るようになった。

下院はとかく歳出に関して寛大な傾向を有していたから、一七〇六年の会期で、自己の権限に対し若干の制限を加え、国王が責任大臣の輔弼によって裁可したのちでなければ、下院は公共事務に関する新たな経費を承認することができないとし、また、一方政府は下院が議決又は承認しない経費の増額を許容されないこととなされた。議会が国王の軍隊に対する、統制に関する憲法上の原則に基いて、軍隊は議会が承諾した後でなければ、これを維持してはならないようになった。そして議会はこの例に倣って、軍事経費の統制及び監査に関しても、公開かつ独立的な統制をなした。

三　イギリス初期の制度では、軍法又は軍律 Millitary Law は、戦時においてのみ存在し、軍隊の秩序及び紀律の維持のために制定される規則は、戦時に際し国王又はその委任を受けた軍隊指揮官がこれを定め、平和が回復するとそれを廃止した。これに関する沿革に関しては、ここに一々述べない。

光栄革命後国王と議会は全く融和し、フランスの脅威があったとともに、軍隊における不安があったから、軍隊における軍紀が厳粛であることが必要とされ、軍紀の急速な回復を図るために、一六八九年三月下院に一法律案が提出され、同四月三日国王の裁可を得た。これが有名な第一反乱法 Mutiny Act である。

この法律の冒頭において、平時王国内に、常備（陸）軍を徴募し且つ維持するのには、議会の承諾があるのでなければ、法の違反である旨並びに軍法会議の制度は、国法上認めてはならないが、軍紀の維持のために必要である旨を規定し、反乱罪等を犯した者は軍法会議においてこれを処罰することができ、常備軍に対してのみその適用があるとし、民兵に対しては、その効力を及ぼすことなく、しかもこの法律の適用は、国内にある常備軍に限定された。

民兵は州長官の指揮の下にあって、その紀律に関しては通例文事執行官の助力を得ており、議会はその制度の変更を欲しなかった。

反乱法では将校及び兵卒を通常裁判所の管轄から除斥し、しかもこの第一反乱法の有効期間は、一六八九年四月一二日から同年一一月一〇日の七個月に限定され、その有効期間を短小ならしめることによって、この法律の通過を容易ならしめ、七個月の後再びこれを立法することとし、多年問題であった常備軍の存在の違法性及び大憲章以来の裁判制度の原則に関する例外を、漸次国民に慣れさせようとした。

反乱法の制定によって、議会は国王に対して諸種の権限を委任したが、それがために軍人及び軍法に服従する者に対する監視をその全部について放棄しなかった。統治に関する憲法上の原則に基いて、反乱法の適用は、下院によって文官 Civil 大臣 Secretary at War に委任され、この義務の遂行に関し議会に対して責に任ずる者と同一の文官により、軍律 Articles of War が常に立案された。そして議会は常にその後反乱法及び軍律に関する大臣の行動を最も、妬み深い眼を以て監視した。ウイリアム三世及びその後の政治家たちは、軍隊が人民から隔離され、これから生ずる政治上の危険に対して、社会を保護することに努力した。

女王アンが即位した後反乱法の前文で、軍隊設置の目的及び常備軍の兵員数を規定するようになった。

軍隊設置の目的は、すでに第一反乱法 1 William and Mary, Sess. 2, C. 41 の前文中において規定されており、常備軍の兵員数の制限に関しては、一七一二年の反乱法 12 Anne C. 13 の前文において始めて規定されるようになった。やがて兵員の徴募、宿営費の支払、馬車の徴発等に関する事項をもが、同法中に包含せしめられるに至った。

第一反乱法以来一七一二年に至る間、年々制定されたこの法律は、海外領土には適用されなかった。一七〇二年以来アイルランド、一七〇七年以来スコットランドに施行され、この法律に規定した刑罰は反乱罪及び逃亡罪であった。

第一反乱法制定の当時においては、陸軍は軍律によって規律され、この規則により軍法会議が組織され、所罰がなされた。反乱法は軍律に言及せず、しかも軍律に基いて設置された軍法会議をそのまま採用した。この法律の施行によりある種の犯罪は重罪となされたが、軽微な犯罪に関しては、軍律が関与するところであった。一七一二年に至り国王に対し、戦時に際しその海外でなすことができたように、海外の領土及び海外のどこでも、軍律 Articles of War を制定し、軍法会議を組織することができる旨を、反乱法 12 Anne C. 13 によって委任した。一七一五年に至り当時現行であった反乱法 1 Geo. 1, Stat. 2. C. 3 は相当厳重であったが、未だ軍紀を維持するのに充分ではないとし、同一法律 1 Geo. 1, Stat. 2, C. 9 により、イングランド及びアイルランドにおいて、反乱、逃亡及び詐偽応募をなした者に対し、死刑を課し、また国王に対して王国内における軍律の制定権を委任し、次いで王国内及び海外領土における軍隊のためにする、軍律の制定権が同一の法律 3 Geo. 1, C. 2 により一七一七年に国王に委任された。一七一八年の同法律 4. Geo. 1, C. 4 は、国王に対し軍律の制定及び同軍律による犯罪を審判し、その判決を言い渡すべく、軍法会議を組織することを委任し、そのイングランド内におけると、海外領土におけるとを問わなかった。なお一七二一年及びその後の法律によって制定された軍律は、平戦両時を問わず軍隊に対して適用された。

一八〇三年の反乱法 43 Geo. III, C. 20 により、軍隊が領土の内外いずれの地にあるも、本法及びこれに基いて発せられた軍律 Articles of War が適用されることになり、ここに国王の特権に基く軍律によって軍隊を紀律し得ることが全く停止され、戦時における軍律もまた同様に法律の委任を要せしめた。

このように、軍法が法律である反乱法及び委任命令である軍律から成立し、不便が尠くなかったから一八七九年に至り、「陸軍紀律及び規制法」The Army Discipline and Regulation Act を制定し、右に代え、その二年後、一八八一年に至り、「陸軍法」The Army Act（44 and 45 Victoria, C. 58）により、右を改正し、以後この法律を陸軍（年々）法 The Army（Annual）Act、空軍の設置に伴い一九二〇年以来陸軍及び空軍（年々）法の制定を毎年なすことによって、引き続き効力あらしめている。

これら年々法は必要に応じその基本法中の改正をなし、その前文中において常備軍の徴募及び維持は、平時においては議会の承諾を以てするのでなければ、違法である旨の原則を繰り返している。

イギリスにおいては、常備軍の存在並びにその紀律は、常に議会のコントロールを受け、これを維持し且つ紀律する法律は、その有効期間を一二個月とし、もしそれを更新する法律が制定されなかったならば、陸軍及び空軍を維持することができなくなることは勿論であり、軍人は軍法により紀律されないようになる。これに反して海軍にあっては、永久法を有しており、その最初の立法 The Navy Discipline Act（13 Charles II, Stat. 1, Cap. 9-1661）以来、この原則が変更されてはいない。

なおピール Robert Peel が一八二九年に、警察制度の改善をなしたまでは、事実上の警察力としては、常備軍が存在していたばかりで、イギリス人が軍隊に対して嫌忌の念を抱いていたのも、ここに基いていた。そして国民と軍隊が全く融和するようになったのは、クリミア戦争に際して始まったといわれている。

アメリカ

イギリスの北アメリカ植民地の政治組織は、殆んど劃一的であって、「知事」Governor を有しており、直轄領における知事の地位は重く、本国と同一の普通法 Common Law が行われ、裁判制度と一様であって、一三の植民地は、いずれも議会を有していた。

植民地に行われた憲法上の原則は、徐々且つ実験的に、裁判所によって公式化されたが、最初から一つの原則が行われていた。すなわち移住者は自分とともに、「イギリス法に対する権利」を携行するものとなされた。

一六四九年五月一九日の共和政治 Commonwealth の下に制定された法律中において、

共和政治に従属する領土は、共和国及び自由国家であり、以後これら国家として、その国民の最高権威である、議会における人民代表及びこれらが任命した官吏によって統治される。

と規定し、海外領土が議会に対する従属を明白に宣明している。国王が存在しない後においては、海外領土はこれを議会のコントロールの下に置くより外なく、王政の一時的廃止は、北アメリカの独立をひきおこさせる憲法上の論点を生じさせたということができる。

王政復古の後においても、政府は、共和制の下で議会によって主張された権威を放棄しなかった。

本国の普通法は植民地の普通法であって、原則として植民地に移住を開始した以前に、普通法を承認した、すべての本国の制定法は、これに反する規定が存在しない限り、植民地に行われ、植民開始後制定された本国法は、当該植民地を指定しない限り適用されなかった。このような主義が認められ、普通法の全部を植民地において認めることは、植民地のために有利でないばかりか、殆んど不可能な事であった。そして植民地でイギリス法の適用を要求するにあたって、国王 Crown と臣民の関係を律し且つ後者を保護するような法を考慮し、臣民相互間に関する法のようなものは、通常これを念頭に置かなかった。従って権利章典及び王位確定法の主義も、植民地で効力があるとなされた。本国政府はイギリス法の全部が植民地に輸入されることに関し反対したが、これは主として植民地における本国の王権の減少を恐れたことによっている。たとえば、「特別の地方的（植民地）の立法によらないで、平時軍隊を維持する権利は存しない」を否定せんとするようなものは、その現われである。

アメリカの独立に至る間の、アメリカにおける憲法論は、数次の変遷を見た。まず第一に、革命運動の半途に至る間の、植民地人が本国との抗争の根拠は、かれらが有するイギリス人としての権利であって、その主張するところは、久しい間純然たる法律上又は憲法上の議論であった。そして最後の段階に至って、「人としての権利」の主張の下に、広く世界に訴え、最早法律上の理論ではなくなり、政治上の議論として行われた。

北アメリカ植民地ではベーコン、ブラックストーン、コーク Coke、ハリントン、ロック、ルソー及びシドニー*等が著わした法律書又は哲学書が広く読まれ、これらの思想はその独立に先行する諸種の出来事に応用され、これと同時に植民地でも、単にこれらの思想を模倣したばかりか、その実際の状況に適合するいくたの著書が発表された。

＊　第三章参照。

植民地人は、最初従来から有していた特許状に基いている抗議を以て本国政府に当った。特許状の付与のみを理由として、本国政府の支配に直属しないことを主張したが、本国政府が植民地に対するコントロールはいよいよ加わり、一七六五年の印紙法 Stamp Act 会議の時から、この種の抗議を棄てて、一転してその抗争の根拠を、イギリス人の憲法上の権利の上に求め、自然法・基本法の思想の上に立って、その主張を続けた。この第二段階の主張の代表的なものとして、一七六四年にボストンにおいて、ゼームス・オーティス James Otis が公にした、「イギリス植民地の権利論」をかかげることができる。

第三段階における植民地人の主張は、大英帝国の組織構成に関する理論に基いている。一七七四年一〇月一四日フィラデルフィアにおける、植民地の第一回連合会議において、なされた植民地の最終且つ根本的な憲法的反対論の、第一次公的宣言中において、それを見ることができる。この宣言中において、北アメリカ・イギリス植民地の住民は、自然の不易の法、イギリス憲法の原則及び数個の特許状等により、次の権利を有するとなした第九項において、

平時植民地における、常備軍の維持は、これを置いている植民地の立法部の承諾を得たのでなければ、違法である。

と掲げられている。

一七七六年に至るまでは、植民地人の抗議は、全く憲法論に基いて本国議会に対してむけられていたが、このころに至って、国王に対する叫びとなり、その主張は自然法に基くところの、人としての権利に関するようになった。同年五月一五日の連合会議の勧告に基いて、各州（厳格にいえば各「国」States）の憲法が起草されることとなり、六月一二日にヴァジニアの権利宣言が起草され、この宣言は来るべき諸憲法立法の模範となり、その一部は、同年七月一四日の北アメリカ独立宣言中にも採用されている。

ヴァジニア権利宣言第一三条において、次の如く規定されている。

武器に訓練された人民から構成される、能く規制された民兵は、自由国家の、本来の、自然の且つ安全な防衛であり

平時においては、常備軍は自由に対して危険であるから避けられなければならない。

すべての場合において、軍隊は文権に対して厳重に服従し、文権によって支配されなければならない。

このような思想は、すでに述べたように、イギリス本国において成立していたところであり、また、その北アメリカ植民地における、イギリス軍隊の存在は、更にその感を深からしめた。これらの思想はイギリスのそれを継承したものであって、このような消極的方面に加えるに、ヴァジニアにおける固有の発展に基く、積極的方向が存在していたことを忘れてはならない。この植民地においては、一七二三年以来民兵義務が存在していた。

民兵の正当な規制は、国家の防衛のために、絶対必要であるから、この法律の発布の日から、各郡の民兵の指揮官は、騎乗又は徒歩で服務すべく、その管轄郡内の二一才から六〇才に至る、すべ

ての男子を徴募すべく全権を有する旨が制定される。
人民が自ら治めんとするには、自ら衛らなければならない。国民主権の原則にとって、この基本主義は最も重要である。
一七七六年六月二九日のヴァジニア憲法前文中において、イギリス国王ジョージ三世が同植〔民〕地に対してなした秕政に関して記載したものの中に、軍事に関するものとして、
平時に際し、われわれの間に、常備（陸軍）及び軍艦を維持し、軍隊を文権から独立させ且つ文権に対して優越させ、われわれの間に多数の軍隊を宿営させ、黒人をしてわれわれに対して蜂起させ、文明国家の首長に不似合いな残酷及び裏切りの情況を以て、すでに始められた、死、荒廃及び暴政の事業を完成すべく、この時機に、外国人傭兵の大部隊を輸送することによって、
等がかかげられている。
一七七六年七月四日の、北アメリカ・イギリス植民地の独立宣言は、ゼファソン Thomas Jefferson が起草したものであって、その主たる目的は、独立を宣言するのではなくて、独立の理由を天下に宣明せんとする、すでになされた行為の形式的弁護に過ぎなかった。この独立宣言は、連合会議がイギリスから分離すべく、議決した公的行為ではなかった。一七七六年六月七日ヴァジニア代表ヘンリー Richard Henry Lee が同会議に提出した三個の決議案中に、
これらの連合植民地は自由な且つ独立の国家であり並びにその権利を有すべきであって、かれらはイギリス国王に対する、すべての忠誠から解除され、かれらとイギリス国家のすべての政治的結合は全く解消されており、また解消されなければならない。

と述べられており、七月二日にその議決を見た。それ故厳格にいうと、この決議こそが独立の宣言に該当する。

独立宣言は、まず最初に、植民地がよるべき政治哲学の原則を明らかにし、次いでイギリス国王が植民地に対して、なした行為に対する不平、国王が植民地に対して、絶対制的専制的政治を故意に行わんとした事実をかかげ、その中軍事に関するものとしては、さきにかかげたヴァジニア憲法前文の記載とほぼ同様な事項がかかげられている。

独立宣言においては、革命精神が発露せしめられており、その思想の骨子が、アメリカ独特のものであるか、又は西欧とくに英もしくは仏の思想の影響を受けているかに関して、しばしば論争されている。その起草者ゼファソンは、アングィ・アメリカ・ホウィグ Whig であって、その起草に際して、自ら直接にいずれの書籍冊子を参照しなかったといっているが、その起草したヴァジニア憲法を参照し、宣言のいく部分かはそれから引用し、その草案にはフランクリン及びアダムスが修正を加え、連合会議においてもなお修正され、遂に可決されたものである。この宣言中に現われた思想の、ある部分はヴォルテール及びライナル Raynal 等、とくにルソーの影響も否認することができないようである。

常備軍に対する嫌忌、文権優越並びに民兵に関しては、殆んど例外なく各州憲法中に規定されており、現今に至るまで、これらの主義及び制度はなんらの変更も見ていない。

ワシントンは最初から文武両権の正当な関係をつくった。軍事的支配への恐怖は、平時における常備軍に対する反対によっていい表わされている。ジョン・アダムスやその他のアメリカ建国に従事した人々が、軍事支配の危険の二者択一として、抑制及び均衡の制度を考慮したともいえない。アダムスはその著『アメリカ連邦の統治の諸憲法の弁護』第一頁の結論として、次の如く述べている。
諸国の、すべての国民は政党を有しなければならない。大きな秘密はこれらをコントロールすることに存する。それには二つの途しか存在しない。その一つは、国王政治及び常備軍により、その他は、憲法に規定する均衡によってなされる。人民が発言権を有し且つ均衡が存しないところでは、不断の動揺、革命及び恐怖が存在し、逆に将軍を戴く常備軍が平和を支配し、さもなければ、均衡の必要がすべての人々によって感じられ、すべての人々によって採用される。
連邦憲法制定会議の討論では、この争点が人々の心をひいた。連邦憲法第一章第八節における、軍隊の徴募権が、かなり長く討論され、そして軍隊（陸軍）の平時兵額を特定数に限定しなければならないとする提議は、歳入充当が二年の期間に限定されていることが指摘されたときにおいて、始めて打ち破られた。それでも一代表者は、民兵条項中に、
自由は、平時においての常備軍の危険に対して、よりよく保障されよう。
を加えんことを提議した。このための動議は、モーリス Governeur Morris の言葉のように、
市民が軍人階級に対して不名誉な識別等を附するもの、
として否決された。
『フェデラリスト』The Federalist という論文集中において、数篇にわたって、防衛に関する争点が取り扱われている。ハミルトンは、その「第四一」において、歳入充当が一年よりもむしろ二年のためになされたことへの抗議に答えることを必要と認めた。また「第八」において、提議された憲法案中に認められた陸軍は、その少額なこと及び国民の一般の態度のために、自由に対して危険ではないであろうと、

次のように論じている。

陸軍の寡少は社会の自然の力をして、その優者たらしめる。軍事力に保護を求め又はその圧制に服従することに慣れていない市民たちは、軍人を愛し又は恐れない。かれらは軍人を避け難い禍いにおいての嫉妬深い黙従の精神を以てみまもり、そしてかれらの権利を傷つけるために努力すると想像される権力に抵抗すべく同意している。陸軍はこのような状況の下では小さい徒党、折々の暴民又は叛乱を鎮圧すべく有効に執行官を援助するであろう。しか(ママ)国民の多衆が結合した努力に対して侵害を実施することはできないであろう。

ハミルトンは「第四一」において、軍事施設の得失及び危険を非常に明確に述べている。

やはり次のことは真実だ。ローマの自由はその軍事的勝利への終局的犠牲であったことを証明した。欧州の自由も、それが存在した限り、僅少な例外を以て、その軍事施設の犠牲となった。それ故、常備軍は危険であり、同時に、必要な施設である。最小の規模では不便である。その広範囲な規模ではその因果は致命的となるであろう。どんな規模でも、それは称讃すべき用心及び警戒の対象である。賢明な国民はこれらのすべての考慮を結合し、その安全に欠くことができないいずれかの手段から軽卒に自分たちを除外しないで、その自由に対して不吉であるようなものに訴える必要及び危険の両者を減少さすことに分別を働かそうとしている。

最善の保護は、「連邦の効果的な施設」及び「その維持に充当される歳入の期間の限定」である。

ワシントンが大統領であったときに、かれは、軍隊が文民のコントロールへの適当な服従を強調するために、しばしばその機会をつかんだ。かのホィスキー叛乱 Whisky Rebellion の際に、知事ヘンリー・リーに対して、次のように書き送っている。
一つの特別な勧告を附加することが適当と思われるただ一点がある。それはこれである。各将校及び兵卒は、法を支持する任務を有し、どんな方法でもその違背者であることが、とくにかれらに、につかわしくないということを、常に心に留めていなければならない。軍隊の領域を次の二つの対象に限定することが、自由な政府の欠くべからざる原則である。㈠国家の意思及び権威に反対して武器をとるような、すべての者と闘い且つ鎮圧すること、㈡司法権に対して犯罪人を送付すべく、文事執行官を援助し且つ支持すること。このような司法権の管理は、文事執行官に属し、そして永久にそこに侵害されない神聖な寄託が存置されることは、われわれの誇りであり且つ光栄であらねばならない。

多くの引き続いた機会において、いくたの大統領は、文権優越の、この基本的原則を再確認することが、重要であると認めた。ジャックソンGeneral Andrew Jacksonは、その最初の大統領就任演説（一八二九年三月四日）で、国民を安心させた。

常備軍が平時において、自由な政府に対して危険であることを考慮して、わたくしは、平時（軍事）施設を拡張したりせず、また軍隊が文権に従属せしめられなければならないことを教える経験のためになる教訓を無視しない。

このような原則は、アメリカ歴史の最初のいく世代を通じ、徹底的に擁護され、内乱（南北戦争）及びその再建時代を通じても、劇しくいどまれず、また次の世代においてもそうであった。

国防政策への文事的関与は、決して軍部を不具するような願望と同様ではない。もしも、㈠伝統的な文権優越の原則が維持され、(ロ)生産能力ができるかぎり巨大であり、(ハ)国防計画が生産能力に対して調節され、(ニ)計画を時宜にあわせることが、内外の一般情勢に適応させられるならば、文権は国防政策の範囲及び指導に関与しなければならない。現今の緊迫した国際情勢の下において、国民の意思に対応して、文権優越の原則が一層強力に維持されなければならないとなされている。文事的原則は生産能力に関して精通している判断に密接に関連している。軍事的考慮並びに経済的考慮は、健全な国防計画の基礎をなすものである。文権優越の維持のために、更に重要な要素が存在している。これは科学的及び技術的発展が遅らせられてはならないことであり、これがためには、政府は機会を逸せず、報道の適当な交換を確保しなければならない。一般公衆が国防計画の性質を、よく理解し、そしてそこで、国防計画の基本的要素を、充分に理解するがためには、よりよく報道の適当な流通がなければならない。いつ且つどんな必要が充足さるべきかの、決定的な問題が存している。

僅かの文事者たちが、自国の兵器が他国の兵器に対しての技術的得失を検討し得るとは、信じられない。しかし基本的な技術的問題に関して、一致すべく陸海空の三軍の人々の顕著な失敗は、専門家の偏見（専門家はしばしば衝突するという証拠が存している）が、非専門家の判断に訴えることによって救済される。文事的見地の代表者としての資格で、大統領、国防長官及び国会に対して、より大きな支持が与えられることが必要であるとなされている。軍事指導者たちは、一定の計画に対して助言を与え且つ弁護をなさなければならない。しかし終局的な決定は、あくまで文事的決定でなければならないとなされている。そして決定の最終的評価は、文権優越に基いて、文事的性格を有しなければならない。

フランス

ここでは如何にして文権優越が形成されるに至ったであろうか。フランス革命は、フランス陸海軍の制度に対して根本的な変革をなさしめ、兵政両権は相互に分離し、文権の優越を生ぜしめ、遂に文権優越はフランスの憲法制度上最早動かすことができないものとなっている。フランス革命の原因等に関しては、これを他に譲り、その重要な原因として、政治的専制及び極端な行政の集権、財政の窮乏並びに一八世紀において展開させられた思想（とくに政治思想）を挙げることができる。

一七八九年七月国王ルイ一六世はパリ及びその附近に軍隊を集中させた。そこで国民議会は同月九日軍隊をそれぞれ帰還さすべく議決したが、国王はその翌日これを拒絶した。ところが、七月一三日に至りパリの選挙人の一集会は、治安の維持のために、民兵（正確にいえば「市民民兵」）を設置するように布告し、翌一四日国王はその組織を承認した。これが後の国民軍 Garde Nationale の核心をなすものである。ここに王軍と民軍を併せ有することになり、その相互の関係を律しなければならないようになった。

パリ民兵軍の総指揮者として、かの有名なラファイエットがその任にあたった。その北米独立戦争に参加し、得たところの経験で、これに臨んだといわれている。最初この民兵の観念においても、それが必ずしも共和的ではなかったようであったが、漸次他の政治的変遷に伴って、その影響を受けるようになった。

一七八九年八月一〇日国民議会に王軍と民軍の関係を如何に律すべきかの問題が提出され、文権と武権の関係を、抽象的に論ずるのに、誠によい機会であったが、なんらの論議もつくされないで、いわゆる場当り的な、次のような内容を有する法律の制定を見た。

一　フランス王国のすべての市町村（都鄙を論じない）は、公安の維持に任じ、その単なる請求により、民兵又は地方憲兵は公安の攪乱者を逮捕し且つ起訴するために、（国王の）軍隊から援助される。

二　軍隊に属する者・将校及び兵卒は、国民及びその首長である国王に対して、厳重な儀式によって宣誓をなさなければならない。

三　兵卒は武装した全連隊の面前で、軍旗を放棄せず、国民、国王及び国法に対して、忠実であり且つ軍紀に関する規則を、尊重しなければならない旨を宣誓しなければならない。

将校は市町村の吏員の面前且つ当該軍隊の先頭において、国民、国王及び国法に対して忠実である旨並びにその命令に服従する者は市民に対して、文官又は地方団体の吏員の請求（その請求は常に軍隊に対して読み聞かせなければならない）があるのでなければ、これを使用してはならない旨を宣誓しなければならない。

このようにしてフランスでは文権が武権に対して優越するの途が開かれた。

ここで一七八九年八月二六日の人権宣言における文武両権の関係を検討しなければならない。この人権宣言はフランス革命における、憲法立法の最初の成果であって、その起源に関して、㈠北米諸州の権利章典等の影響を重要視するもの、㈡ルソーの影響を主とするもの、並びに、㈢一八世紀の政治哲学の影響によるものとする等枚挙に遑がないほどである。わが国においては、年来美濃部達吉博士のゲオルグ・エリネック Georg Jellinek, Die Erklärung der Menschen-und Bürgerrechte の紹介によって、この著者の解釈による、人権論が行われている。この説によると、種々の基本権が宗教の自由から発展したものとなされている。

人権宣言第一二条は

人及び市民（又は公民）の権利の保障は、公力 Force Publique を必要とする。よってこの力はすべての者の利益のために設けられ且つこれを委託された者の利益のために設けられたものではない。

と規定している。この思想はすでにジョン・ロック及びルソー等においても現われている。また革命直前に発表された政治的パンフレット中においてもこれを見ることができる。中でも Sinety の人権宣言案第一四条は本条に最もよく類似している。ゲオルグ・エリネックは本条を一七七六年九月二八日の北米ペンシルベニア権利章典第五条に対照さしているが、本条の前半は非アメリカ的であって、その後半がペンシルベニアの第五条又はマサチウセッツの権利章典第七条を想起させるといわれている。

「公力」が何であるかに関しては、一七九〇年一二月一二日の法律によってこれを理解することができる。

フランスは、イギリス又はアメリカとは異って、陸接国境を以て隣強国に接し、軍隊の必要が痛感されている。従って軍隊の存在を否認することができない。そこでフランス革命の初期以来政治家はその苦心の努力によって、文権優越を確立せしめた。

一七八九年一〇月一〇日以来国民議会は一委員会を任命し、陸軍大臣と協議し、軍事組織計画を樹立し、それを報告させた。同年一二月三〇日国民議会において、一議員が、すべての将校に対して地方吏員の上席権を主張するところがあったが、種々論議の結果、全員一致を以て地方吏員が常に人民の真実且つ直接の代表者として、すべての社会的存在において、上席権を有すべき旨を議決した。そしてこの主義は今日に及んで認められている。

一七九〇年二月国民議会は、前年八月一〇日の文武両官憲の関係に関して、更に論議を続け、同月末出兵請求に関する法律を制定し、次いで陸軍の組織に関する根本法が制定された。第四条及び第一一条により、陸軍の維持及びその他の軍事費は、年々議決を要することとなした。これはいうまでもなく、イギリスの反乱法の主義に倣ったものである。第八条により軍人は毎年七月一四日地方吏員、市民並びに軍隊の面前で宣誓をなさなければならない。第一一条第七号により議会は軍事犯罪に関する法律を制定するが、ここではイギリスの反乱法のように年々の更新を要せしめない。

一七九〇年一二月六―一二日の公力組織法は、「公力」を分って常備軍と国民軍とする。常備軍は主として外敵の防禦にあたり、憲兵は常備軍の一部として、主として公安の維持にあたる。国民軍は国家の要求によって、国内の秩序の維持及び外敵にあたる。武装した団体は評議をなしてはならない。そして受働的な服従が命ぜられている。この原則はやがてフランス憲法の原則の一として承認され、今日に及んでいる。

一七九〇年五月二二―二七日の平戦両権に関する根本法第一条により、これら両権は国民に属し、戦争は立法部により決定されその国王により裁可されなければならない。第二条により、王国の外部的安全を保持し、その権利及び領土を維持する任務は、国家の憲法により、国王に委任され、国王は戦争を準備し、陸海軍隊を配置し、戦争の場合にはその指揮を規律する。第四条により、フランス国民は侵略のために戦争をなすことを否認され、人民の自由に対して軍隊を使用してはならない。

一七九一年のフランス憲法は、国民主権及び三権分立の主義に基いた、君主制及び代議制憲法であって、アメリカ連邦憲法に類似するところが尠くない。一七八九年七月以来制定された諸法律が、この憲法中に統一整理されて、法典化されている。この憲法は、一七九二年八月一〇日の新しい革命によって無効に帰した。

一七九一年の憲法中に法典化されている、軍事関係規定を要約すると次の如きものがある。

立法議会は毎年国王の提議に基いて陸海軍の兵員、艦数並びに軍人の各階級の俸給、数、任用及び進級の規則等を議決することを要し、国王は法律の発案権を有しなかったが、右に関してはその例外が認められた。これはイギリスの反乱法の趣旨に倣ったものである。

和戦の決定及び外国軍隊がフランス領土内に進入するの許否等も立法議会の権能に属し、国王はこれを処理することができない。イギリスでは、一六八九年の権利章典で外国軍隊は国会の承認がなければ王国内に入ることができないとの原則を認めた。その影響がフランスに及んだものであり、諸国の憲法中において、外国軍隊が自国領土への進入もしくは通過並びに外国軍隊の使用等に関して規定が設けられている。

「公力」とは、これを陸海軍及び国内勤務をとくに目的とする軍隊(国家憲兵隊)並びに補助的に公民及びその子弟であって、国民軍の名簿に登録され、兵器を携帯すべき状態にある者から成立する。国民軍は軍隊をなすことなく、国家内における制度を形成しない。公力勤務のために召集された公民それ自身である。公民は合法的な請求又は授権があるのでなければ、国民軍として成立し且つ行動することはない。公力の全部が外敵に対し国家の安全のために、使用されるときには、国王の命令の下に行動する。正規軍は国内において合法的の請求がなければ行動せず、しかも国内における公力に対する請求権は、立法権によって定められた規則により、文事官憲に属する。公力は従順であり、武装した団体は評議をなしてはならない。これを要するに、この憲法の下では、文権はかくの如く武権に対して優越せしめられている。

一七九一年の憲法以後における、文武両権の関係に関しては、ここに一々繰り返さない。一七九二年八月立法議会はルイ一六世の権能を停止し、九月に至り王朝を廃止し共和制が宣言された。

共和歴三年（一七九五・八・二二）の憲法は、一七九一年の憲法を改訂し、君主制を共和制となしたものであって、フランスがかつて有した憲法中最も明確なものといわれている。国民主権及び三権分立の主義を採用し、文権優越を規定し、軍隊の指揮に関して厳重な制限をなしている。

共和歴八年霧月一八日ナポレオン・ボナパルトによって成就された、クー・デター以来一八一四年四月三日ナポレオン及び同王朝の失権が宣言されるまでには、各種の変遷が見られた。その一つの変遷について、一つの新憲法を有し、「執政官」「終身執政官」及び「世襲帝国」の三時代を劃した。

一八一四年四月ナポレオンの失権以来、第一次王政復古、百日政治及び第二次王政復古の順序に、憲法制度の変遷を見た。

一八一四年六月四日ルイ一八世は憲法（シャルト）を欽定した。その最初の適用は八、九月に過ぎなかった。

このシャルトは君主主義に基く欽定憲法であって、その及ぼした影響は頗る大きかった。その前文中において

すべての権威が国王の一身に存する

旨を宣明し、国民主権を否定した。君主主権を認め、王政を復古せしめたが、旧制 Ancien Régime を復活させず、ただ貴族制度を認めたのみである。シャルト中には、文武両権の関係は規定されなかったが、実際の運用においては、文権優越を認めていたようである。

シャルトの下では、軍隊の平時兵員は、国王の命令によって定めないで、一八一八年三月一〇日の兵員徴募法第五条によって定め、重要な要求に際しては、別の法律によって定めることとした。

なお一八一六年七月一七日の民兵に関する勅令を見ると、軍事官憲に対して次のような重大な制限を加えており、君主主義憲法の下において、とくに注目に値するものがある。

民兵は長官の命令によるのでなければ、兵器を執り又は集合してはならない。長官は行政官憲から発した文書を以てする請求によるのでなければ、その命令を与えてはならない（第一三条）。

民兵の指揮は一郡以上にわたってとってはならない（第一五条）。

何人といえども同時に陸海軍又は傭兵及び民兵の指揮をなしてはならない。この規定は民兵が法律及び規則により、その指揮を軍隊指揮官に移した場合には適用されない（第一六条）。

一八三〇年の修正シャルトの下においては、軍事に関しても王権が著しく制限されている。第一三条中において

外国軍隊は法律によるのでなければ、国家の役務につかしめてはならない。

第六九条第四号により

軍隊の徴募人員の年々の議決

同第五号により

国民軍の組織等

同第六号により

陸海軍将校の地位の保障

等は、いずれも法律により規定されなければならなかった。すなわち議会政治の下に、軍隊の組織は法律によらなければならないとし、君主の任意によってこれを変更することができないようになった。

その後の一々の変遷に関してはここに省略し、第三共和国における文権優越がどんなものであったかを述べることとする。

第三共和国の憲法制度の下では、総括的な憲法典を有せず、諸憲法法律中においても、文武両権に関して規定をなさなかった。しかし武権は文権から分離せしめられ、後者の優越が樹立されていた。

A　軍隊の組織　軍隊は文事官憲の組織から分離された組織を有し、その階級は文官の階級から区別され、その幹部もまた文事行政のそれとは同一ではない。

大統領は一八七五年二月二五日の法律第三条により軍隊を処理し、同時に文治政府の首長である。大統領は同時に文武の大官であるが、軍隊は自ら指揮せず、軍隊は平時においては、軍部省の長官の下に組織を有し、戦時においては、作戦の指導を掌る司令官の下に置かれる。

B　文権優越をなさしめるために、次の注意がなされている。

一　軍人は政治的生活から全く隔離され、選挙組織に加わることはない。陸海軍軍人は現役中下院議院に関する選挙及び被選挙権を有しないばかりか、若干の例外たとえば元帥を除くの外上院議員となることができない。

二　軍事官憲は原則として且つ平時においては、通常警察から分離されており、現役軍人は軍法会議の管轄に属する。

三　国内の秩序の維持（とくにストライキ又は労資の争議に際し）の任は、専ら内務大臣に属し、警察力が不充分で、しかも例外的なときには、軍隊の力により治安の維持がなされる。兵力の使用に際しては、文事官憲の文書による請求があるのでなければ、軍隊は出動することはない。

第四共和国の下においても文権優越が維持されているが、その詳細に関しては知ることを得なかった。

三　武権の優越

概説

絶対制君主は自己の掌中に文武両権を把握していた。君主は自由・民主制の進展に対して、自己の権能を維持すべく、立憲君主制を樹立した。この制度の下においては、すでに述べられたように、君主の統治又は政府と国民代表といった二元主義が行われた。君主は議会からの影響が、絶対制の核心をなすところの軍隊に及ぶことを避けるために、兵政両権の分離をなした。国王の統帥権は君主が親裁するか又は官庁組織化した統帥部によって運用された。時の経過に伴い、この統帥部も政府から独立せしめられるに至った。

このような兵政両権の独立は、これを長く維持することができたであろうか。絶対制的な君主の下において、政府及び統帥部の最高指導者たちが同質であり且つ政治性を持続する限りにおいては、原則として兵政両権の分立が維持され得た。もしも議会が政府に対して優越し、議会政治が樹立されるに至るならば、兵政両権の平衡は破れ、ここにいわゆる「憲法争議」が生じ、いずれかが優者たるべきかが、決定されるに至るであろう。又もしも軍部が議会又は政府に対し優越的地位を占めることに成功するならば、ここに兵権の優越が現出するに至るであろう。

そしてもしも政治の発展傾向が自由・民主主義的であるならば、文権は武権に対して、やがて優越するに至るであろう。これは第一次世界戦争の末期における、プロイセン・ドイツ、第二次世界戦争に際しての日本の実際（この場合においては軍備の全面的撤廃があったから、文権の優越を現出するに至らなかった）において、これを発見し又は発見し得たかもしれない。

プロイセン・ドイツ

まず第一に、ドイツ諸憲法とフランス憲法の特徴的な差異が検討されなければならない。ドイツでは絶対君主制時代の公法は、新しい憲法典に対して明白に抵触しない限りにおいて存続し、これらの古い法則は、新しい秩序に対して、内部的な矛盾を包蔵し且つ立憲的組織の方式に直に変化しようとはしなかった。政治の領域においては、自由主義は一九一八年以前においては、決して完全には実現されなかった。

一九世紀初頭のドイツ諸憲法は、その発布の後議会の議事堂においてのみ有効であり、議事堂以外においては、憲法発布以前のような旧制が存続したといわれている。議会が国王と一致するときは、この制度は運転し、もしも議会が反対の意思を表明するならば、国王は議会を超越する手段をとる。国王は確実な自己の予算を有し、議会の関与を経ずして国際条約を締結し、租税は徴収され、軍隊は存続し、外交はその宮廷で遂行され、緊急命令は法律に代わる。議院は非常に熱烈な演説をなすことができるけれども、現実においては、憲法は国王に対して国家の平常生活のすべての手段を確保する。このような、いわゆる外見的立憲主義は、国家の行為の各部分のために、二つの方法（議会の協力を要するものと要しないもの）を設定する、器用な観念の下に制定された。もしも議会の協力が得られないときは、国王は少しも困らず且つ立憲的に行動し、その意思は議会の意思にとって替った。

プロイセン王国憲法は、このような君主主義憲法の形態を殆んど採用しなかった。そもそもこれは何に基くものであろうか。これはこの憲法が外国憲法（一八三一年のベルギー王国憲法）の受容の結果に基くものである。

プロイセンはもともと軍人・官僚国家であって、これらの人々によって維持されていた。一八四八年の革命は、プロイセンをして「憲法」に関与させ、その本質を変更させた。何故にその憲法制定に際しベルギー憲法を模倣したかに関して、これを略言すると、当時プロイセンは、憲法に関して一つの模型を必要とし、これを外国に求めなければならなかった。その特有の体裁に基いて、当時一般に人気を博しており、同時に他のものよりも模倣に適しているものがあった。ベルギー憲法の国法的特徴は、とくに憲法制定議会の決議による成立といった事実に存し、且つプロイセン内閣の根本方針・憲法の制定には、人民代表の協力を要するとしたものに適合した。

ここではプロイセン王国憲法の制定の経過並びにその内容に関しては述べない。

プロイセン絶対制の下においては、国王は陸軍、行政及び文化の各方面において絶対的親政をなした。国王は大元帥であるとともに戦帥であった。国王は最高の立法者、行政者及び裁判者であった。国王は陸軍の最高の軍人であるとともに、国家の最高の公僕であった。無条件な統帥権が絶対な文事権の淵源でもあり、また典型でもあった。文武両権の分離又はかの三権の分立もなかった。

一九世紀において生じた、一方では「国家及び軍隊」、他方では「市民社会」の対立は、絶対制時代の産物であった。このような国家と社会の対立は、一九世紀において生じたものではなく、絶対制軍事及び国家憲法の産物である。人民は無関心又は嫌忌を以て国家及び軍隊に対立した。かくして人民から政治的試練を脱せさせ、国家から人民の協力を奪った。これが一八〇六年のプロイセンの崩壊の主要な原因である。

プロイセンでは一般兵役制を採用し、軍隊は絶対制時代のそれには立ち帰らなかった。これに反して政治的憲法は反動的な専制に導かれた。このような軍制と政治的憲法の分離は、憲法が制定された後でも、プロイセンの顕著な特徴として存在した。軍制は反動的な専制主義からは相違したが、一八五〇年の憲法における、自由主義的な譲歩に対してその独立を維持した。

プロイセン王国憲法の下における、真の政治的根本秩序は、憲法の原則が君主政治であり、人民代表の影響及び協力権は、この政治原則の単なる修正にすぎなかった。プロイセンでは自由、民主主義的な市民運動が形成され得ないで、それが後のプロイセン・ドイツの憲法の発展のすべての経過において現出している。

プロイセン王国憲法は、その核心において王権が自由且つ無制限であり、おのおのの疑義及び争議において、王権がその完全な範囲において復活し得ることに存した。王政の原則は不文法的憲法に包含されていたばかりか、憲法中にも規定された。その一々に関しては、ここに省略し、国王の統帥権の独立が、独立する王権の原則及び革命から生じた政治的秩序に対する保全であった。自由主義的な攻撃は常に統帥権に対して向けられた。統帥権はこの主義に対抗し、議会政治によって押しのけられなかった。ここに立憲的譲歩にも拘わらず、国家における王権の無条件の優越を主張する可能性が存した。

一八五〇年の憲法中には、いわゆる「軍制」に関しては殆んど談られなかった。だが憲法第四六条（国王は陸軍を統帥する）及び第一〇八条（軍隊の憲法宣誓を除外する）から、軍隊は成文憲法に対して義務を負担せず、国王の一身にのみ拘束されなければならないことが生じた。国王は自ら憲法に対して宣誓を要したが、陸軍についてはその要求が存在せず、陸軍が国王に対してのみ宣誓し、憲法に対してそれをなさなかったことによって、すべての軍事的問題（将校人事、編制、勤務期間、紀律及び教育）における、国王の唯一且つ無制限の命令権が生じた。それからすべての統帥事項からの副署及び大臣責任の除外が生じ、更に無制限な統帥権から軍の編制改革及び勤務期間の変更を議会の承認を経ないで、すなわち法律によらないでなさんとする王権が生じた。

プロイセン憲法争議（一八六二―六六年）はその核心が予算法の問題ではなく、政府が議会の承認した予算によることなく、軍制改革が議会との共同による法律を以てせず、国王の一方的統帥権でなされ得るかに存した。

この争議はドイツ軍人国家と市民的立憲的国家の間における妥協に関し解決し難い問題が伏在することを短時間の内に明白にした。この争議は一九世紀のドイツの国内的歴史の、一つの中心的出来事であった。軍人と自由な市民の間における、本質的な対立を現出せしめている。このような争議は、その後週期的に、以後の軍事法案、おのおのの大きな政治的転回期、徴候的な個々の事件（たとえばツァベルン Zabern 事件）において、色々の形式で繰り返された。遂にそれがワイマール憲法を本質的に定めた。この憲法は広い範囲に渉って、かの大きな争議の国内的問題における、遅れ馳せの答弁に過ぎなかった。

第二帝国の全期間を通じ、実際上軍制を立憲主義に従属せしめることができなかった。皇帝の統帥権、統帥事項における副署の義務及び大臣責任の除外、法律によらないで兵力を決定する皇帝の権能（帝国憲法第六三条第四項）が軍制を議会の決定権から排除し、軍制に対して、独立している、無条件な命令権、階序及び紀律権に基くところの形態を与えた。プロイセン憲法の下において認められた軍事秩序が、帝国憲法の下でも立憲制度に対して主張された。

プロイセンでは憲法がその単一性を軍事秩序をして市民的秩序に優越させることによって存続させた。*ビスマルク帝国では、軍事的秩序が二つの独立し且つ対立する憲法制度に崩壊することを妨げ且つ対立に対して単一性を保持した、プロイセンのような階級関係がやんで、二つの相互に分離させられ且つ和解させ難い秩序世界へと国家の崩壊が始まった。

＊ 伊藤博文が憲法取調べのために独墺に赴いて、目のあたり見たドイツの状態は正にこのようなものであった。

従前の階序関係はフランスにおけるように、単純に顚倒し且つ軍人が市民に服従しはしなかった。軍制は自主権を保持した。しかし軍隊はこの自主権を従前の政治的優位を犠牲にすることによってのみ得ることができた。軍隊は注意深くその狭い軍事的領域に閉じこもり、もはや決定的に全秩序に関して止まることができなかった。このような変遷は明確な決裂及び文書的な明白性を以て行われないで、緩慢な且つ目に見えない推移*によって行われた。帝国建設後最初には、老帝ウィルヘルム一世及びビスマルクの形態で現われた、旧い階序関係が存続した。一八八七(明治二〇)年の七年目制争議の後までも、市民的秩序への軍事的秩序の古い優越がなお存続した。この争議の場合において、ここでもなお立憲主義への軍事秩序の優越が現われた。この活動をつづける、古い階序関係の最後の記録はビスマルクのクー・デター計画である。この計画によると、ビスマルクは老帝の死後、帝国憲法の解消によって、前進する議会勢力を決定的に打撃せんとした。このようなクー・デターは、軍事秩序の完全性による支持によってのみ成効することができる。ビスマルクは「憲法争議」又は「七年目争議」の間において、既存の憲法の範囲内で、軍事秩序において安定した王支配の優越を主張することができた。そこでビスマルクはその罷免の直前、現行憲法と決裂することによって、国家における王支配の優越を維持することができると信じた。

＊ 前掲参照。

このビスマルクの計画と、プロイセン・ドイツの王位及び帝位の更迭の時間的関連は偶然であった。ウィルヘルム一世は争議において勇敢に且つ断固として戦い、迫ってくる議会主義に対し、プロイセンにおける王支配の原則を保護した。かれは皇帝としてもこの古く且つ真のプロイセン王国の保証人でもあった。かれの死とともにドイツ憲法生活における、大きな転回期が完成した。古い王支配の代表者は死に去り、その後続者たちは、古い軍事秩序の優越に基いて建設された憲法を主張すべく、その争闘において権威と固執を有しなかった。憲法の連続性は制度の永続及び規範の永続的適用よりも、むしろ政治的人物の活動持続にも存している。指導的人物の更迭は、現実の政治的な実質及び態度が同一であるときにおいてのみ憲法政治的恒久性を危殆ならしめない。制度としての世襲君主制は、この恒久性に関する無条件な保証とはならない。ビスマルク帝国の悲劇は、[*]一八九〇（明治二三）年に、帝国指導における人的恒久性及びそれと同時に政治的憲法の恒久性が打ち砕かれたことに存した。

＊　明治憲法の下における、元老凋落にも比較し得るであろう。

その後の一々の経過に関しては、ここには省略するであろう。第二帝国の憲法現実は、その最後の十年間においては、軍制と市民的憲法の間における、包み隠されない対立によって決定された。王支配の古い統一的な力は、空虚な構造となり、市民的秩序は漸次議会的制度に近づき、それに対抗的な軍事秩序が不可侵の統帥権の地盤の上に主張し続けた。このような二つの秩序の下に、第一次世界戦争が戦われ、第二帝国の憲法は崩壊し、ワイマール憲法の下において、文権優越が樹立されるに至った。

日本

明治維新に際しては、徳川幕府の世界史的には絶対制君主政によって克服さるべきであった封建制が直結した。わが国にこのような絶対制君主政が存続しなかったことが、明治憲法を貫徹する、重大且つ特有な特徴を現出させている。徳川幕府は大政奉還及び将軍職の辞退をなしたが、天皇はこれによって統治権を獲得したと解すべきでない。もともと天皇が憲法制定権者であったことによって、旧制を除去し、新規な政治体制を樹立するに至ったとなされなければならない。

明治維新はいわゆる王政復古であって、「革命」には該当しない。憲法制定権者の更迭によってなされた憲法廃棄を生ぜしめてはいない。ポツダム宣言の無条件受諾によってひきおこされた、八・一五革命においては、憲法制定権が天皇から国民に交替せしめられ、次いで自由・民主主義的な「日本国憲法」が制定されるに至った。

明治維新に際しては、天皇は殆んど一兵をも有せず、絶対制を基礎づけた兵力の存在と対比して重大な差異を現出せしめている。天皇は直ちに封建制の廃止をなさず、親政と公議輿論の尊重を以て、新しい政治体制の基本原則となした。四民平等が新政の原則として標榜されたが、明治維新の根本原則に従って、個人の自由の保障又は人間の尊厳という自由主義の尊重には及ばなかった。このような新規な政治体制の根本性格が、明治憲法を規定し、その憲法現実は右によって現出せしめられ、その崩壊の契機はすでにここに見出されている。すなわち明治憲法の全経過において、歴史的な天皇の親政及び合理的な公議輿論の尊重がともどもに否定され、遂に明治憲法は崩壊せしめられるに至った。

わが国においては、従前から天皇の親政は殆んど行われず、他に現実の政治担当者が存在していた。明治維新以後の現実においては、最高の政治的指導者は、藩閥出身の人々、後にはこれらの人々から生じた元老がこれにあたり、その凋落後においては、政党政治が否定され、軍部官僚がその任についていた。

わが国の人々は「国民」としてではなく、「臣民」として参政権を行使することができたが、国家意思の決定をなすことができず、天皇の意思の決定に際し、単に「協賛」しかなし得なかった。やがてこれとても無視されるに至った。

明治新政府は維新後直ちに軍隊の建設にとりかかった。太政官は明治三年一〇月、常備兵員が定められるに際し、その樹立せんとする政治体制の根本原則には背馳する、文権優越を採用した。すなわち海軍にあってはイギリス式、陸軍にあってはフランス式によることとし、藩々で陸軍はフランス式を目途とし、まず編制せしめられることとなった。かく何が故に文権優越による軍隊制度が採用されるに至ったであろうか。それは主として旧幕府時代からの影響によったとともに、これら両国が、それぞれ当時西欧における強力な海軍及び陸軍を有する国家であったこと等に基くものであったであろう。

明治四年二月鹿児島藩、山口藩及び高知藩からの兵員を以て御親兵が編成されることになった。当時においては下は兵卒から上は指揮官までがこれら藩々からの出身者を以てあてられ、漸次それが稀薄されるに至ったが、陸海軍の最高の指導者はそれぞれ長州及び薩州の出身の元老によって占められ、これらの人々の凋落に至った。

明治四年七月一四日藩を廃し、県が置かれ、八月二〇日に至り「鎮台」が置かれるに至った。陸海軍両省の制度から各軍隊の制度に至るまで、フランス式及びイギリス式が採用されたことはいうまでもないところである。陸海軍は太政官の下に置かれ、文権優越が行われた。

明治五年一一月二八日全国徴兵の詔が発せられ、全国から兵員が徴集されるに至った。徴兵制の施行に際して種々の反対論を生ぜしめた。まず第一に、旧制の下における特権階級（武士）の反対を受け、また兵役に慣熟していなかった一般人民（主として農民）からの反抗を受け、いわゆる血税騒動を生ぜしめた。このような反対論はわが国固有のものであって、なおこれらの外に、西欧からの立憲主義の影響に基くものと思われる二種の反対論を生ぜしめた。その一は常備軍及び民兵の論議であり、その二は当時未だ国民に対して参政権が付与されていなかったにも拘わらず、国民皆兵の義務を課するのは不当であるとなすものである。

西南の役後間もなく陸軍省から参謀本部が独立すべく設置され、天皇が軍隊の統帥権を太政官から独立して親裁されることになった。絶対制君主政の下においては、兵政両権の分離は全然意味をなさない。当時わが国には立憲君主制憲法は存在せず、従って議会が存在しなかったにも拘わらず、何が故に統帥権が太政官に対して独立せしめられたであろうか。この時期において参謀本部が独立せしめられたのは、通例公式的には、一は西南の役の教訓、二はドイツ軍制の受容によるものとなされている。これらは主として軍事的理由であって、政治的のそれではない。

参謀本部の独立及び天皇の親裁といった統帥権の独立は、明治一四年の国会開設の決定とともに同一の政治的理念によって貫徹せしめられている。そして軍隊は今ここに「非政治化」又は「中立化」されることとなった。

もともと軍隊の「非政治化」は自由主義的な措置であって、このような逆説的なそれが如何に説明されるであろうか。軍隊の非政治化は、自由主義的見解に基いて、個人の自由をあらゆる生活段階、すなわち軍隊における勤務期間中においても保障するためになされている。軍隊の非政治化はすでに述べられたように、フランスにおいて最も顕著に採用されており、わが陸軍においても明治初年以来その影響の下にあった。だが当時の陸軍当局者によって、軍隊の非政治化の憲法的意義が理解されていたか、いなかったかは、これを明らかにすることができない。

軍隊を非政治化することによって、まず第一に、明治初年以来政治的指導者としての地位にあった人々によって、次々にひき起され、明治一〇年の西南の乱において、その頂点に達した政治的闘争への軍隊の隔離が企図された。第二には国会開設運動及び政党の樹立に対して、軍隊を防衛せんとした。統帥権は当時存在してはいなかった議会に対してではなく、政治の中心であった太政官に対して独立せしめられた。このような統帥権独立の原初的形態が、明治憲法の崩壊に至るまでも維持されていたことをみのがしてはならない。

統帥権の独立によって、絶対制的な天皇の地位の確立に役立たせんとした。だが天皇制はもともと過去数百年来軍隊によって支持されてはおらず、ポツダム宣言の受諾によって軍隊が解散されたのにも拘わらず、これと同時に天皇制は崩壊するに至らなかった。統帥権の独立が支持せんとしたものは、いわゆる「明治絶対制」であったことが、ここに実証されている。ここで軍隊の非政治化の意義が検討されなければならない。国家生活の中に真に非政治的領域が存在し、国家の制度を完全に政治的なるものの領域から除外することができないことは、全体の国家的制度が常に政治的な指導精神によって支配されていることから説明される。従って軍隊は明治憲法の全経過において、太平洋戦争中に陸軍大臣によってなされた戦陣訓に現われたような絶対制的な性格を保有するに至って、その崩壊に及んだ。

統帥権の独立によって生ぜしめられるに至った軍事憲法と政治憲法の対立が、わが国の二世代後における悲劇的な運命への、歴史的転回点を出現せしめた。

明治維新の指導理念であった、天皇の親政及び公議輿論の尊重に基いて、立憲君主制憲法制定の事業が開始されるに至った。明治九年九月七日明治天皇は元老院議長有栖川宮熾仁親王に対し、憲法編纂を命ぜられた。元老院は二つの草案――「日本国憲按」及びその修正案である「国憲按」を起草した。この案は岩倉具視等の反対にあって成立するに至らなかった。

次いで岩倉具視は明治一四年七月憲法に関する建議を上奏した。この建議は井上毅の起草にかかり、内閣の法律顧問ロエスレルの影響を受けている。欽定憲法の体裁が用いらるべき事を述べ、更に憲法が漸進主義を失わず、プロイセン憲法が最もこの主義に適するものとなしている。

明治一四年一〇月一二日に至り「国会開設ノ勅諭」が下された。その中において「将ニ明治二十三年ヲ期シ議員ヲ召シ国会ヲ開キ以テ朕カ初志ヲ成サントス」、「其組織権限ニ至テハ朕親ラ衷ヲ裁シ時ニ及ンテ公布スル所アラントス」とあり、ここに明治初年以来のわが国の政治の最高指導理念が現われおり、(ママ)必ずしも「憲法」が制定されるとはなされておらない。なおその末尾において

故サラニ躁急ヲ争ヒ事変ヲ煽シ国安ヲ害スル者アラハ処スルニ国典ヲ以テスヘシ

との厳重な警告が与えられており、一々ここには引用しないが、集会・結社及び言論・出版その他一切の表現の自由並びに居住の自由等が厳重に制限され、次いで戒厳令が制定され、絶対制的な法制がほぼ完成を見るに至った。

ここに憲法制定の準備が進められるに至り、明治一四年一〇月一二日伊藤博文に対して海外において憲法取調べをなすべき命令が下された。伊藤博文等は主として独墺において、ルードルフ・グナイスト及びローレンツ・フォン・シュタイン等について憲法制度の研究をなした。とくにグナイストについて一言が費されなければならない。かれは一八六二―六六年のプロイセン憲法争議における、政府反対の闘将であって、プロイセン王国憲法におけるいわゆる「脱洛」Lücke の充塡に関し、伊藤博文に示唆を与

えたようである。

伊藤博文はドイツにおいて、プロイセン・ドイツの憲法に内在する軍事秩序と市民的秩序の対立を認識し得なかったようであり、またこれには、自分たちが藩閥出身の文武高官として、これら両秩序の対立の調整の役割をはたしていたことがみのがされてはならない。すなわちかれらは客観的立場にあって、政治の現実を観察することができなかったであろう。

内にあっては、井上毅はロエスレル等の補助のもとに憲法草案の起草に着手しており、伊藤博文等の帰朝とともに、憲法草案は秘密裡に急速に完成に導かれた。

明治憲法第四条

天皇ハ国ノ元首ニシテ統治権ヲ総攬シ此ノ憲法ノ条規ニ依リ之ヲ行フ

の規定は、一八二〇年のヴィーン最終議定書中の君主主義の原則に関する規定の影響を受け、一八一八年のバイエルン憲法第二章第一節中の同種の規定と系統を同じくしている。明治二〇年八月頃の憲法草案の逐条意見中において、本条に関して

各国ノ憲法ニ（国権ヲ総攬シ而シテ憲法ニ循ヒ之ヲ施行ス）ト謂ヘルハ即チ同一ノ国権ナル事物ニ対シ君主ハ之ヲ絶対的（アブソリュート）ニ総攬シ而シテ関係的（レラチーフ）ニ之ヲ施行スト謂フノ意義ヲ顕ハス者ナリ

等々と井上毅が述べた。ここに明治憲法の基本的性格が遺憾なく現わされている。

明治憲法の制定の経過に関しては、一々ここに述べない。全憲法中第一一条、第一二条、第六三条、第六七条及び第七一条等は、第一一条を除き、いずれもプロイセン憲法においては「脱落」せしめられており、グナイスト及びロエスレル等の示唆又は教示によって充塡されたものと解される。

明治憲法の下における、憲法現実[*]に関してはここに省略する。

＊　拙著『明治憲法論』参照。

明治憲法は憲法制定権者としての天皇が、立憲制君主政に関する決定（第四条）を包含せしめた。この第四条において絶対主義と立憲主義が対立させられており、これら両主義が前者の優位の下に妥協せしめられていた。第四条は前段において天皇に一切の権力が集中され、天皇によって行使されるという観念が、天皇の自由な意思決定という意味での、親政の観念と結合せしめられていること及び同条約後段において立憲主義の原則を示している。

立憲主義はもともと自由及び民主の両主義を以て基礎づけられており、明治憲法においては、天皇が憲法制定権者であり、原則としては無制限な権力を有しており、憲法は天皇の権力の法治国的制限を包含した。そして議会は天皇との協同的機関ではなく、単に諮詢機関に過ぎなかった。いわゆる立憲制君主政の下では、王政府と国民代表の二元主義が認められ、国王及び国民代表（議会）が国家の代表者であったが、明治憲法の下では[*]、天皇のみが国家の代表であった。

＊　日本国憲法の下では天皇は国家を代表しない（第四三条、第七三条第二号、第三号等参照）。

明治憲法において、絶対主義及び立憲主義の対立を尖鋭化させたものは、統帥権の独立である。統帥権の独立に関しては、憲法中にはなんら規定されてはいなかった。そして統帥権は編制及び兵額の決定が大権事項となされていたことによっていよいよ強化され、少くとも外観的にはプロイセン・ドイツに比較して強大であった。

明治憲法における絶対主義及び立憲主義の対立が調和されるか、又はされないかは、一に天皇の親政にかかっていた。

明治憲法の現実においては、天皇は閣議に親臨されず、統帥機構も統帥権の親裁――人的指導への展開性を有しなかった。従って国務及び統帥に関する現実の担当者が他に存在しなければならなかった。すでにしばしば述べられたように、明治の初期においては藩閥、明治の後期（及び大正の中期まで）においては、藩閥から生じた元老がこれに該当した。これらの文武の高官たちはもともと同質であるばかりか、政治的であり、天皇の権威の下に絶対主義と立憲主義、国務と統帥の対立の尖鋭化を避けることに成功していた。しかるに元老伊藤博文はいわる文治派の頭目であったが、明治四二年北満ハルビンに倒れ、明治天皇の崩御後その他の元老も大正一三年九月頃までの間に次々に凋落するに至った。

軍部派山県有朋が文治派、伊藤博文より生き残ったこと[*]は、わが国の運命に関し重大な関連を有し、山県有朋の後継者たちは、イデオロギーを同じうする異質であり、しかも非政治的な軍部であった。

＊　山県有朋大正一〇年二月死去。

大正から昭和にかけて、政治の現実はようやく議会政治化への傾向を現出せしめた。大正一三年五月の総選挙によって大勝を得た、護憲三派を基礎とした第一次加藤高明内閣を以て、わが国の立憲政治の下における「政党内閣」の確立となすことができる。昭和七年五月の、いわゆる五・一五事件によって、犬養毅内閣は倒壊させられるに至り、この内閣の瓦解とともに政党内閣制はその終りを告げるに至った。

以後軍部は次第次第に政治の推進力たる地位を獲得するに至った。

このようにして、政治憲法と軍事憲法の調和及び調停者であった人々（元老）が凋落し、政党内閣が軍部を抑制することができなかったから、政治及び軍事の二憲法の一致がどうして樹立され得たであろうか。これには二つの途しか考えられなかった。第一には、クー・デターによって絶対制的な政治を樹立するか又は第二には、自由・民主主義的な革命によって議会政治に移行するかにかかっていた。このような憲法制度における割目は、単に軍事的原則の政治憲法への引渡し又は政治憲法の軍事秩序への適用によっただけでは、これを除去し得るものではない。人間の尊厳を以てする国民の全体によって形成される、高次の秩序による政治及び軍事勢力の対立の克服に導かれる革新のみが、新規な憲法の真の一致を得るであろう。昭和における政治の現実は、軍部によるクー・デターの傾向を示したが、遂に成効を見るに至らなかった。

ここで明治軍隊を構成した兵員中農民出身の人々に言及されなければならない。徳川幕府時代における百姓一揆の事例を見ても分明するように、農民の態度は著しく反封建的であった。これは農民自身によって意識されていたか、いなかったかは暫く措き、基本権の一に属する抵抗権の胞芽ともみなすことができるであろう。わが農村の構成が行政区劃としての「村」とは、別個に、「部落」本位であり、また農民各自が原初的な統合から解放されていなかったため等に基いて、その抵抗権的行動が局地的一時的ならざるを得なかった。だが幕末における百姓一揆に例をとって見ても、これら一揆が幕府の倒壊に決定的な一打を与え得たといわれている。

明治時代において徴兵令制定に際してのいわゆる血税騒動の如きも、また農民の抵抗権的行動の出現ともみなすことができるであろう。

昭和における軍部の政治への進出として、満州事変の前後から二・二六事件に至る間において、三月事件、錦旗事件、五・一五事件、士官学校事件、相沢事件等があげられる。

軍、主として陸軍を政治に進出させた原因は、これを農村の窮乏に求めることができる。陸軍の兵員の多くは、わが人口構成上農村出身者を以て補充され、将校には中小地主、自作農出身者が多く、下士官、兵の大部分は農民からの出身者であった。それ故農村の貧困化は陸軍とくに青年将校をして政治的に行動せしめるに至った。

これら行動の思想的背景は、わが伝統と第一次世界戦争中又はその後において発生を見た外国における急激な思想の影響を受けており、その結果においては、明治憲法における二基本原則を崩壊せしめるに至った。まず第一に、議会政治化が否定され、これとともに天皇絶対主義が標榜されたものの、天皇は原則として政治現実に超越した存在であったために、元老凋落後において軍部は官僚を従えて政治の最高指導の実権を掌握するに至った。

このような行動は、一には農民出身の人々による、抵抗権的な行動が、政治的現実における不満に対して現われたものともみなすことができるであろう。なおこの段階においても、人々は原初的統合から解放されていなかったから、伝統と、これとは両立しない思想によってともどもに支配されていたようである。

明治憲法の核心は、すでにこの時期において完全に崩壊せしめられていたと解しても、大過がないであろう。

太平洋戦争はポツダム宣言の受諾によって終止せしめられるに至った。この宣言中において、

吾等は、無責任なる軍国主義が世界より駆逐せらるるに至るまでは、平和安全及び正義の新秩序が生じ得ざることを主張するものなるをもって、日本国国民を欺瞞し、これをして世界征服の挙に出ずるの過誤を犯さしめたる者の権力及び努力は、永久に除去せざるべからず。

と規定し、

日本国政府は、日本国国民の間における民主主義的傾向の復活強化に対する一切の障礙を除去すべし。言論宗教及び思想の自由並びに基本的人権の尊重は、確立せらるべし。

並びに

日本国国民の自由に表明せる意思に従い、平和的傾向を有し且つ責任ある政府が樹立せられるべきことが命ぜられている。

天皇はポツダム宣言を無条件に受諾されたことによって、さきに述べられた、この宣言に先行する憲法現実を確認されたとともに、君主主権及びその憲法制定権を放棄された。憲法制定権者の交替がいかにして平和的に行われ得たであろうか。

ポツダム宣言の受諾によって、連合国の軍事占領が開始され、その占領方針として連合国の間接管理が行われ、一定の制限の下に既存の統治機構の存続が認められ、通例革命に伴われる、いわゆる「中間段階」を現出せしめることなく、天皇制が一定の制限の下に存続せしめられた。

ポツダム宣言の受諾によって、無条件降伏が布告され、武装は完全に解除され、明治絶対制の支柱であった統帥権が、その実体を失うに至り、現実な政治の最高担当者であった軍部は解体され、軍国主義

がここに全く排除されるに至った。ここにプロイセン・ドイツの絶対制との差異が見出されなければならない。われにあっては天皇の地位は軍隊に依存せず、軍隊の解散とともにその地位を去られなかった。かれにあっては国王・皇帝の地位は軍隊によって建設され且つそれに依存しておった。従ってここでは軍隊の崩壊とともに国王及び皇帝の地位は失われるに至った。*

＊　イギリス国王と軍隊の関係に関しては、第三章、ド・ロルム参照。

日本国憲法は、自由・民主主義を以て、その基本原則となし、その制定により、

天皇は、日本国の象徴であり日本国民統合の象徴であって、この地位は、主権の存する日本国民の総意に基く。

こととなり、天皇の地位は、ここに歴史的、伝統的なるものから、合理的なるものに変化せしめられるに至っている。天皇の、この新規な地位に関しては、わが国においては、この規定の形成に参加した人々の思想に基く主観的な解釈が行われている。この条文の解釈に関しても、当該条文自身において具現されている意味に基く客観的な解釈がなされなければならないことは当然である。だがこの研究は本書の範囲を超越するおそれがあるから、これは他の機会に譲られなければならない。

第三章　文権優越思想の形成及び滲透

序　説

文権優越主義は、つとにイギリスで認められ、自由主義に基く他の憲法諸制度とともに、米仏を経て諸国に普及するに至った。立憲思想の発展の一般歴史の如きは、本章のよくするところではない。今ここでは文武両権に関する学説の展開の跡を二、三の学者について尋ねることとする。

中世西欧において、国家統合の基礎として神の威霊や祖先の外に、武威を加えるようになり、兵権が政権の基礎であるような結果を生じ、君主はしばしば暴威を逞しうし、人民を虐げた。そこでその反動として西欧諸国において、自由論、民権論の勃興を促すようになり、君主神権説と民権説が劇烈な衝突をなすに至った。

民約説の起源及び変遷等に関しては、これを他に譲ることとする。イギリスでは、議会の存在及び法の優越が、法律家たちに対して、欧州大陸におけるような主権論（ボーダン等）の採用を妨げた。

なおイギリスの政治思想は政治的変革に先んじて生じないで、その弁護として生ぜしめられているようであり、アメリカのイギリス植民地及びフランスでは、それぞれの革命に先行し、その基礎づけを生ぜしめられていた。

トーマス・ホッブス（一五八八―一六七九年）

イギリスの国王ゼームズ一世に至り、国王は最上の統治者であって、法の外にあって、法を作り、これを軽減し又は停止することができ、神に対してのみ責に任ずるとなした。もしもこのような理念が、当時イギリスにおいて採用されたならば、その政治組織もこれによっていたであろう。しかし、議会はこのような絶対制的な政治理念と争い、一六八八年の光栄革命の完成によって、この国における君主神権説は永久に消滅し去った。

ホッブスはイギリスの偉大な政治思想家の中で、最も初期的且つ独創的な者であり、しかもイギリス的ではなかった。その頑固な独立性は君主神権説を否定し、自由に選挙された議会によって制定された法律を遵守することを怠らなかった。そして自由と秩序を結合する問題を解決し始めた。しかしホッブスはこれが実現され得ないと主張した。これに反してロックは光栄革命の落着から励まされて、それが可能であるといいはった。

ホッブスはその主著の一つである、『レビアザン』Leviathan（一六五一年ロンドン出版）で、絶対制の最も強固な弁護をなした。主権者は臣民の平和及び防衛のために、必要であることの唯一の判断者であり、その利害のために、かれらを過少に取り扱う。行動が理念から生ずるから、その任務として、どんな説又は教義が平和にとって危険であるかを決定し、すべての書籍をその出版前に検閲する。主権者は財産に関する規則を制定し、すべての争議を決定し、賞与をなし、処罰をなし、すべての顧問及び執行官を選任し、軍隊を支配しなければならない。主権者はその制定した法律には服従しない。かれに託された任務は、臣民の安全を確保することである。主権者はそれを自然法に基いて実施し且つその法の制定者である神に対してのみ責に任ずる。分裂した王国は、「内乱」によって証明されたように、自立することができない。ホッブスはこの著書が当該時代の不秩序から生ぜしめられたと明言している。かれは政体が王制であり、貴族制であり又は共和制であることに関しては、なんらの顧慮を払わなかった。何人か又はなんらかの集会が、疑われない権力を有しなければならないとなしている。

ホッブスは『レビアザン』第二編第一八章「制度による主権者の権利について」の中で、その第九として、次の如く述べている。

他の国家との平戦の決定は、主権に属する。それはいつが公共のために好都合であり、どの位の軍隊が集合せしめられ、武装され、その目的のために支払われ、その費用を支弁するために、臣民に金銭を賦課することを制定することである。人民が防衛される勢力はいくたの軍から成立する。そして一軍の勢力は、一指揮者の下における、その勢力の結合から成立し、その指揮者は主権者の制定にかかっている。他の制度を伴なわない「民兵」の指揮は、これを有する者を主権者となす。そして何人が一軍の指揮者となされても、主権を有する者が常に「大元帥」である。

このようにホッブスの下では、兵政を分離せず、文権の優越の如きには言及されてはいない。

ハリントン James Harrington（一六一一―一六七七年）

その思想は米仏両国に対して甚大な影響を及ぼし、これらの国々の後の憲法制度の中において、それを発見することができる。かれは大叛乱時代（一六四二―一六六〇年）に際し、どんな政治方式をとるべきかを論じ、政治の基礎として、法の優越を説き、政治理論の二つの基本的なものとして、㈠国土の保安は、支配階級による土地の適当な分配によって維持され、㈡政府は無記名投票、間接投票、官職の交替及び二院制度の下に組織されなければならないと述べている。

イギリスでは当時初めて強大な常備軍を有し、クロンウェルによって支配されていた。そこで軍事制度に対する不平及び軍隊の解散の要求が巷間に満ちたが、ハリントンは、ローマの歴史を回顧しつつ、文武両権の混同に対する嫌忌の一般的感情に与せず、その濫用を防止するために、諸種の手段を提議している。これらの提議は頗る複雑であるから、ここにはこれを省略する。これを要するに、ローマの軍事組織の模倣に加えるに、将校から兵卒に至るまでの、選挙主義を主張している。文武両権の混同の濫用に対して提議している警戒は、これをかの権力分立には導いているものの、まだ文武両権の分離を設けてはいない。かれはその著 Oeana の中で次の如く述べている。

常設の将軍を以てする傭兵軍隊は、丁度かの糸を紡いでいる、運命の姉妹のようなものである、しかし年々交代する執行官を以てする、穏当な軍隊は、糸をたちきる姉妹のようなものである。かれらの利害は全く相反している。

シドニー Algernon Sidney（一六二二―一六八三年）

かれはその死後一六九八年に出版された『統治論』Discourses concerning Government といった著書において、冗長と繰り返しで終始しつつ、ロックに至る過渡期をなしている。しかしその後世に及ぼした影響は、決して忘れてはならない。すでに「市民―兵」思想を有しており、武権に対して文権が優越しなければならない旨を述べている。

右の著書第二章第二三節（一六九八年版一六八頁）において次の如く述べられている。

われわれは、世襲君主国でなんらの注意が指揮官についてとられていないことを見出している。指揮官は抜擢されないで、偶然現われる。しばしば欠点を現わすばかりでなく、大概その義務を履行することが全く不可能である。それに反して、民衆政治の下では、優秀な人が一般に選ばれる。もしもその一人又は数人が戦死するならば、他の者がその位置につく。そしてこの著書（もしも誤っていないならば）が全体において、民衆政治の利益が、人民における勇気、数及び力に関連して、そして軍隊が人民から形成され、軍隊の義務を遂行すべく勇敢に準備するような気質にもち来たすから、王国の軍隊以上であることを示している。すなわち選択の慎重さは、出生の偶然性を凌駕しているから、この点において戦争に関する部分は、王国におけるよりも、民衆政治において、よりよく実施されることが否定され得ない。

ジョン・ロックJohn Locke（一六三二―一七〇七年）

その著『政治論』Two Treatises of Governmentは、一六八九年八月二三日に出版の免許を受け、法律家であることを職業となさない著者によってなされた、イギリス憲法書として、最も重要なものの一つであって、光栄革命の意義を説示し、来るべき世紀における、政治的聖書とみなされ、その影響するところが甚大であった。しかしイギリスの憲法制度の細目に関しては論ずるところが尠く、神権に基礎づけられた絶対制の理論を反駁し、いわゆるConvention Parliamentの革新と一致する政治制度を直覚している。この目的を達成するために、人民の承認により且つ被支配者の好意を以てする、政治が理想である民主制を定式化している。一八世紀においては、その説くところが、政治的パンフレット並びに議会の論議の修飾に用いられていたが、フランス革命は更に重大な問題に対して解決を要求し、従ってその権威は失われるに至った。

ロックは『政治論』第二部一四三節において、立法権及び執行権の分立を説き、法律は立法権及び執行権の共力の下に制定され(一五一節)、国王が立法に参与すべき旨を説いている。

法律の制定者が同時にその執行者であるときには、自己が立法した法律の遵守を免れようとし、立法と執行を自己の私益に適合せしめるように立法するようになるであろう。従って、よく整頓された国家では、立法権は多数の人の手に置かれ、自己のみ又は他人とともに、立法に当たり、立法を終了したときには離散し、自分の作った法律に服従することになり、この立法された法律を執行すべき者を要するに至る(一四三―四節)。そして執行権は法律に従わなければならないとし、国家機関の専横を防止するには、その均衡を計らなければならない(一〇七節)。更にこれら二権の外に「連合的権力」Federative Power(一四六―八節)を認めている。これを要するに、ロックは文権優越の基礎的概念を明確に表明しているようではあるが、権利章典及び反乱法Mutiny Actの制定によって、ロックの理論と現実が結合するに至ったということができるであろう。

一六九七年の秋ライスウィックRyswick平和条約の締結に前後し、イギリスの財政は窮乏し、軍備の縮小が大いに論議されるに至り、これがために、いくたのパンフレットが交付された。その中でも、デホー Daniel Defor の、「議会の同意を以てする常備軍が、自由な統治と不一致ではないことを示す論」が広く読まれ、影響を与えるところが尠くなかったといわれている。

ロックの思想は、ついでモンテスキューによって政治的に、ルソーによって自然法的に、ブラックストーンによって法律的に展開された。

モンテスキュー（一六八九―一七五五年）

彼はその著『法の精神』第一一編第六章において、イギリス憲法に関して述べている。この章が、前にかかげたロックの政治論第二部第一二章に負うところが大きかったことは、つとに世に知られているところである。

同章において、「立法権が執行権に託すべき陸海軍に関し、一年毎でなく永久的に規定する場合には」、「執行権はもはや立法権に依存せぬことになる故に、立法権はその自由を失う危険」を生ずるであろう。「執行権が圧制を為し得ぬ為に、彼に託される軍隊は、マリウスの時まで、ロオマに於てそうであったが如く、人民であり且つ人民と同じ精神を有(も)たねばならぬ。而してそうする為には、次の二方法あるのみ。即ち或は軍隊に使われる者はその行動に就き他の市民に対して責に任ずるに足る財産を有ち又ロオマで行われたように、一年の間に限って軍籍に編入されるか、或はもし常備軍隊が存し、兵士が国民の最下賤部分の一なる時は、立法権はその欲する瞬時に於てそれを破毀し得るのでなくてはならぬ。又兵士は市民と共に住み、隔離せる営地や、兵舎や、要塞地の存せざることを要する」。「軍隊は一度設置された後は、直接に立法権に依属することなく、執行権に依属せねばならぬ。而してその仕事は審議するよりも、むしろ行動に存するのだからこのことたる事物の性質上然るのだ」*となし、かの「市民・兵」Soldat-Citoyen の主義を高唱し、またイギリスの反乱法の影響を多分に受けているようである。

＊　この訳文は、宮沢俊義『法の精神』上巻二三八頁によった。

モンテスキューの『法の精神』第一一編第六章は、比較的短章であるけれども、ブラックストーン及びド・ロルム De Lolme の主雑（ママ）点をなしている。イギリスの政治組織は頗る複雑であって、かえって外部からこれを容易に記述することができるといわれている。

ブラックストーン William Blackstone（一七二三―一七八〇年）

彼はその大著『英法註釈』で、「法の優越」並びに「抑制」及び「均衡」に関して、とくところが極めて詳細である。憲法の均衡を維持するためには、執行権は立法権の一部であるべく、両者の合同は暴政を生ぜしめ、その分離もまた結局同様の結果を生ぜしめるであろう。立法権は絶えず執行権を蚕食し、漸次執行権を掌握することとなり、暴君となるであろう。国王は既存の法律を変更することができない。両院により提議され且つ承認された法律の変更の承認又は否認をなすことができる。議会は法律によって国王に与えた権能を、その承認がなければ国王から剥奪することができない。立法に関して議会と国王が一致しない限り、法律は現在の状態において、永久に存続するであろう。ここにイギリスの政治の美点が存在する。すなわち統治のすべての部分が相互に抑制しているからである。

更に『英法註釈』第一巻第一三章「陸軍及び海軍国家について」において、次のように述べられている。

自由の国家においては、軍人という特種の階級を有することは、危険である。自由の国家においては、戦争のためのみに教育された永久的常備軍人を有しない。イギリスでも、ヘンリ七世のときまでは、国王の身辺の護衛兵を有した〔に〕すぎない。

チャァレズ一世のときに及んで、国王と長期議会の間に、民兵に関して論争され、チャァレズ二世の王政復古の後、間もなく国王は民兵の行政及び指揮に関する唯一の権能を有する者であることが法律によって認められた。チャァレズ二世がその後多数の軍隊を維持していたから、遂に権利章典中において、平時常備軍を徴募し且つ維持することは、議会の承認がなければ違法であるとなされるに至った。

次いでさきに引用したモンテスキューの『法の精神』第一一編第六章中の軍隊に関する部分を解説し、更にかの反乱法 Mutiny Act に関して詳細に述べている。

なおブラックストーンの『英法註釈』は、一七七四―七六年に、ベルギー・ブラッセルにおいて、一七七六年にパリにおいてその摘要が仏文を以て出版された。本著がフランス革命に与えた影響に関しては、ここには省略する。わが国においても、すでに明治六年に星亨訳、英国法律全書『ブラックストーン』五冊、明治一九年に石川彝訳、『黒石氏大英律』三冊等が存している。

アダム・スミス（一七二三―一七九〇年）

かれは一七六三年になした講義第一編中において国家と兵権の関係を説くところが極めて詳細である。

第四編において、民兵、紀律及び常備軍に関して説き、民兵に関して、次の如く論じている。

国家の公職を有しており、土地所有者である紳士たちによって指揮される民兵は、どんな人々のためにも、この国の自由を犠牲にする心配を決して生ぜしめない。このような民兵は、疑いもなく他の国家の常備軍に対する最善の保障であるであろう。

次に常備軍に関して述べられている。

この国であったように、国王の権能に関する問題が論争されるようになったときに、ある場合において、常備軍が人民の自由に対して危険であることが証明されている。すなわち常備軍は一般に国王の味方であり、軍人の原則は、その指揮者に服従することであり、国王が軍人を任命し且つそれに給料を支払うから、軍人は国王に対して服務に関して義務を有すると考えるようになり、もしも適当な民兵が設置されるならば、このようなことは決して起らないであろう。

このような思想は、スミスの『国富論』において再び繰り返され、世間に流布せしめられている。

放縦に近づくような自由の度合は、国王がよく規制されている常備軍によって、守られている国家においてのみ容認されることができる。

と右の著書中に述べられている。

なお次に述べられる、ド・ロルムは、その著『イギリス憲法』の中で、

著者（アダム・スミス）の意図は、その全体の部分において、常備軍は、適当な制限の下においては、公の自由に対して有害ではあり得ない。そしてある場合には、国王をこの自由に関し、なんらかの煩わしい嫉妬から解放することによって、役立つことを示している。

われわれが引用する、この著者の思想は、この国（イギリス）の、ぐらつかない且つ安全に法律的な政府から借りられたものであり、しかし、このような法理論又は原則は、その他の政府の下では行われない。

と説明されている。

ド・ロルムJ. L. De Lolme（一七四〇—一八〇六年）かれはその著『イギリス憲法』を一七七一年にオランダ・アムステルダムにおいてフランス文を以て、一七七五年にロンドンにおいてイギリス文（著者自身の英訳であるという説とその指導の下に飜訳されたという説が存している）を以て出版した。

ド・ロルムは、人民の自由のために、イギリスの執行権の特有な安定は、政府に対して厳重な法治主義が行われていること、国王の特権の維持のために、軍隊が必要ではないこと、武権が文権に従属すること等によっているとなし、権利章典及び反乱法に関して、その説くところが極めて詳細である。

イギリスでは、国王は、その自由にする正規軍隊から、なんらの支持を得ない。そしてわれわれが、もしもこの事実を疑うならば、兵権が文権に対して保たれている、驚くべき従属を注意して見るだけでよろしい。イギリス国王はその権威の保全に関して、その軍隊に対して負っていないことをさとる。

なお軍隊がしばしば使用されると、軍人の優越を来たすおそれを生ずることに関して述べられている。

ド・マブリ Gabriel Bonnot de Mably（一七〇九―一七八五年）
かれは今日においては殆んど人々から忘れられているが、フランス革命に際して、その与えた影響は、モンテスキュー及びルソーにも比すべきものがある。かれはフランス革命直前における実際的経験を有していたばかりか、その政治的思想においては、ジョン・ロックの影響を受けており、モンテスキュー及びルソー等との相互関係において重要視すべきものがある。フランス革命が起ると、そのとるべき手段に関し、かれの研究にまつところが尠くなかった。従って、その陸海軍に関する思想の如きも、革命後の陸海軍において、その多くが採用されたといわれている。

マブリは軍隊に関して、次の如く述べている。

常備軍は非難さるべきものである。すなわちその経費を要することが大なるのみならず、平和を脅かし、内治上政府は常備軍を以て、人民の自由を侵害する。傭兵による常備軍は、自由と相容れないものであって、歴史はこれを容易に説明することができる。国家は外敵を防禦し、市民に対する道徳的影響を与えるために、軍隊を要する。そして各市民は兵器を携え且つ必要に応じ、国家を防護しなければならない。市民軍は傭兵軍よりも、卓越した紀律及び勇気を有し、兵役は公務に就くべき条件である。市民が兵役に服すことを忌避するときには、常備軍を統制する方策を知っている人々は、結局権力を獲得し、国家の圧制者となるであろう。

これがフランス革命に際して現われたところの、いわゆる「市民・兵」の思想そのものである。絶対制を克服することができた市民たちは、自らが軍隊を組織するばかりか、この軍隊の規制をも自己の掌中に置いた。

アメリカ及びフランス両革命に際しての、政治の実際は、すでに述べた思想並びにその他の影響の下に、諸権利章典、独立宣言、人権宣言及び諸憲法を制定するに至り、文権優越の主義が、ここに一つの憲法制度として確立し、漸次世に行われるに至った。すなわち成文憲法は、成熟した純理的な綜合の成果の、国家的規範化ということができるであろう。

ドイツ

ドイツにおいても、常備軍に対する嫌忌の思想が古くから行われていた。たとえばカントもその著『永久平和論』(一七九五年)中において、

「常備軍は時を追うて全廃さるべきである」

とし、傭兵による常備軍が永久平和に害がある旨を述べ、

自由意思で定期に行う演習において、市民は、自己及びその祖国を、それによって外部からの攻撃に対して防ぐべく、武器に習練するのは、これと全く趣を異にするのである。

となしている。

カントの『永久平和論』に前後して、ドイツにおいていくたの常備軍の嫌忌に関する著書の飜訳又は著作が存しているが、ここにはその一々に関しては述べない。その中で最も著名なものは、ロテックの『常備軍及び国民民兵論』* である。

* Karl von Rotteck, Über Stehende Heere und Nationalmiliz. Freyburg 1916. SS. 140.

この著書に基くところの要求は、一八四八年の革命に至るまで統一的戦線を形成した。本書は従前からの軍制の変更ないし廃止並びに市民的革命思想のためになるところの、軍隊の内部的獲得を企図した。「人民一般武装」の方法で、この目的は達成さるべきものであり且つ市民と軍人の結合をなすべしと論じている。市民の一般的武装による市民軍隊のみが、市民的憲法並びに法律、法及び自由に対する保障をなすものとなしている。

一八四八年の革命に至る、プロイセンの議会的実際は、最初の衝突後すでに人民武装計画の実施をなすことができなかった。従って常備軍によってなされるところの、憲法宣誓のみが有効であるように見受けられた。確固な王朝が存在する限り、市民化された軍隊への要求は、理論的存在でしかあり得なかった。軍隊の憲法への宣誓を以て、市民階級は廃止することができなかった既存の軍制を、市民的憲法の範囲に入れ、そして、それによって、君主の唯一の軍隊処理権をくすねようとした。官吏の憲法宣誓の方は、好都合な、つながりをなした。軍人、とくに将校は、自由主義者たちからは、官吏と同様に国家の使用人としてみなされ且つそれによって法律的には、市民的憲法生活の中に入れしめられた。国家の使用人としての将校といった表現は、憲法に対する宣誓の実行のためにする、明瞭な法律的な基礎を提出することができた。

軍隊の宣誓のためにする、自由主義者たちの劇しい争闘が、ドイツ諸国において行われた。自由主義者たちの主目標は、従前の如く軍隊の市民化に存した。

一八四八年は軍隊の獲得のためにする、市民的争闘の頂点及び同時に決定をもち来たした。最初の攻撃で、市民階級は、軍隊の憲法への宣誓の要求を貫徹したが、軍隊は遂にこれを押し戻した。

フランクフルト国民議会は、帝国権力及び帝国軍隊の創設のために、人民武装の実施を後退させた。国内の秩序の維持のためのみにする、当時一般に設置された市民軍隊の無能さは、人民武装の思想を不信に陥れ、この事実が人民武装イデオロギーに対する、軍隊の勝利をもち来たした。

自由主義者たちの攻撃は、軍隊をしてその地位のためにする、精神的武器を以てする闘争をひき起こすに至った。このようにして、プロイセン・ドイツの絶対制的軍隊は、第一次世界戦争による、その絶対制の克服がなされるまで存続することができた。

日本

明治維新に至る過去数百年間わが国は武家政治の下にあり、西欧的な常備軍も、また民兵をも有しなかった。明治初年において軍隊の建設にあたって、陸軍はフランス式、海軍はイギリス式に則り、文権優越の影響の下にあった。明治一一年末以後プロイセン・ドイツの軍制の影響を受け、明治憲法の絶対制的性格とともに、やがて武権の優越を生ぜしめ、ポツダム宣言の受諾による、軍隊の解除に至った。

第四章　文権優越の規範化

序　説

文権優越は国法上規範化されなければならない。これは文権優越が憲法において規定され、更に法律を以て規定されることを意味する。ここで、まず第一に、「統帥権」又は「最高命令」の概念が、明瞭になされなければならない。文権優越は絶対制君主の統帥権の克服から生ぜしめられているからである。

統帥権の本質

国家の元首が軍隊に対して有する統帥権が、それぞれの憲法において、規定されるにあたって、凡そ三様になされていることが見出される。

第一に、一八一四年のフランスの王政復古に際して、国王によって欽定された憲法（シャルト）第一四条、一八三〇年の修正シャルト第一三条、一八三一年のベルギー憲法第六八条又は一八五〇年のプロイセン王国憲法第四六条並びに大日本帝国憲法第一一条では、「国王は軍隊を統帥する」と規定し、

第二に、一九一九年のドイツ共和国憲法第四七条のように、「大統領は軍隊の最高命令権を有する」と

規定し、

第三に、一七八七年のアメリカ連邦憲法又は一七九一年のフランス憲法第三編第四章第一条のように、「大統領（国王）は陸海軍の総指揮者である」と規定されている。

前二者は国家の元首の軍隊に関する権能を示し、後者はその権能の保持者を規定している。

イギリスの、一六五三年一二月一六日の、有名な、成文憲法ともいうべき、The Instrument of Government 第四条又は一六六一年の一法律（13 Car. II. C. 6）の中では、軍隊に対する「処理」及び「命令」Dispose and order : the Supreme Government, Command and Disposition を規定し、フランスにおける、二、三の民主的憲法においても、国家の元首の軍隊の処理及び統帥又は命令 Disposition et Commandement をそれぞれ規定している。なお多くの国々の憲法中においても、この種の規定が見出されるが、ここにはその一々について言及しない。

これらの規定からして、最高命令又は統帥権 Oberbefehl が、二つの意義を有していることが認められる。統帥権は、一には軍隊の処理権又は指導権 Disposition=Armeeleitung、他には軍隊に対する指揮命令権 Command=Commandement–effectif=Armeeführung を意味する。

これら二つの概念は、立憲政治の発展に伴い、文権優越の確立によって、益々明瞭ならしめられるに至った。フランス革命前においては、イギリスを除いた、欧州諸国の君主は、軍隊に対して著しく広汎且つ強大な権能を有しており、一九世紀における君主主義諸憲法の下における君主にあっても、そうであったから、これら概念が闡明される機会が存していなかった。

その後西欧君主国における議会政治の発展は、戦術の変更とともに、君主が戦場における軍隊指揮の親裁を廃絶に帰せしめ、軍隊の「指揮」は軍隊指揮官に委任されるようになり、軍事に関する諸法律の制定とともに、統帥権の概念が一層明確になされるに至った。なお共和国においては、憲法を以て大統領の軍隊指揮の親裁を禁止し又は戦時に際し軍隊の指揮権が軍隊指揮官に委任されなければならないと規定しているものもある。

軍隊の指揮命令権は、もともと専門的、軍事技術的な指揮権であって、専ら軍人に委任され、軍隊の使用、訓練及び練習等に関するものである。軍の特別の命令によるの外、勤務規程、操典及び教範等の実施にかかるものである。

軍隊の指揮権は、軍隊の処理権とは全然区別さるべきものであって、前者は後者の構成要素をなすものではない。たとえば君主が指揮命令権の親裁をなさないとしても、なんら憲法改正を必要となさないであろう。もしもこのように、軍隊処理権と軍隊指揮命令権が解釈されるならば、これら両者の法律関係は、全然同格であるか、又は一は他に隷属するものであるかが確められなければならない。

軍隊の指揮命令権（Kommandogewalt であって、かの Oberbefehl ではない）は、すでに述べられたように、軍事技術に関するものであって、決して最高のものではない。常に軍隊の処理権に服し、その規制を受けるものである。

現に旧ドイツ帝国憲法第五三条中において、

帝国の海軍は皇帝の統帥権 Oberbefehl の下に、統一的なものである。

と規定していたのにも拘わらず、一八八九年三月二〇日の勅令の制定がなされた。もしも憲法第五三条中の「最高命令権」が「指揮命令権」のみを意味するものであったならば、この勅令は全く無意味なものであったであろう。なおこの関係は、フランス第三共和国の統帥制度においても、これを見ることができた。すなわち一八七五年二月二五日の憲法法律第三条において、「大統領は軍隊を処理 disposer する」とのみ規定していた。なお第四共和国の当該制度に関しては、後に述べられるであろう。

軍隊の処理権

現代の自由・民主主義国家では、軍隊は常に文権の優越の下に、国家の軍隊として、法律の執行及び秩序の維持並びに外敵の防禦に任ずる。軍隊は憲法の規制に下(ママ)にあって、編制、兵額、兵役義務、軍の負担、軍律及び軍紀等は、いずれも法律の規定するところである。軍隊は憲法又は法律の規定に基いてのみ、法律の執行及び秩序の維持のために出動することが認められ、厳重な制限の下に置かれ、予め規定された例外の場合でなければ、その発意に基いては、なんらの行動に出でることができない。宣戦、講和及び戦争の指導は、いずれも文権の掌握するところにかかっている。

軍隊の指揮命令権

この権力に関しても、漸次その傾向がみられる。たとえばイギリスの陸軍法 The Army Act（44 and 45 Vict. C. 58 S. 71.（1））及びアメリカ連邦軍律 Articles of War（10 U. S. C. 1591-1592）第一一九条及び第一二〇条並びにフランス陸軍における、一九二七年七月一三日の法律第八条ないし第一〇条、ドイツ（ワイマール）共和国陸海軍における、国防法 Wehrgesetz 第八条等において、それぞれ軍隊の指揮命令権に関して法律を以て規定がなされている。とくに、エステルライヒの、一九二五年五月二日の国防法は軍隊の処理権及び指揮権の法律的規制に関する、最も厳格な規定ということができる。すなわち指揮権（第三条、第四条、第九条及び第一〇条）、兵額（第五条等）、教育（第二五条）、紀律権（第四条）に関して、それぞれ法律を以て規定がなされている。

なお治安の維持及び法律の執行のためにする文事官憲の出兵請求権は、元首の軍隊指揮権と混同することができない。

ここで絶対制的な性格を有したプロイセン王国憲法及び明治憲法における軍事処理に関して、一言することは、やがて文権優越の規範化に関する理解を深からしめるものがあるであろう。

プロイセン

プロセイン王国憲法は外観的には一八三一年のベルギー憲法を模倣して制定された。従ってこれら憲法を比較しつつ、軍制関係規定を述べることとする。

ベルギー憲法は第一一九条により徴募兵数を毎年議決することとし、更にこの法律を更新しなければ、その効力は一年限りとし、国王を法律的制限の下に置いている。その他においては両憲法の軍制関係規定は、特別の興味がある比較点を示してはおらない。プロイセン憲法は右第一一九条のような規定を有してはいない。これがために国王と議会の間に「憲法争議」（一八六二―六六年）を生ぜしめるに至った。

プロイセン憲法は第三四条において一般兵役義務を認めた。ベルギー憲法にはこの種の規定を有しない。その第一二二条は民兵を規定し、これによってすべての革命的憲法において最も特徴とするところの、制度を受け容れている。フランスの憲法議会（一七八九年）は、その一般的傾向に従って、王軍を国軍に変化させた（人権宣言第一二条）。この第一二条に規定する「公力」中には、革命的新生物である国民軍が編入された。共和暦三年の憲法はもともとの国民軍に対し、常備軍を率直に現役国民軍と名づけた。それにも拘わらず前者と軍隊の他の構成分の間には、従前から奥深い区別が存在しており、民兵にあっては将校すらをも選挙し、なお且つその任期は短く、国王の通例の軍事命令には服しないで、真の軍事的に組織された部隊をなさず、むしろ武装した市民であった。もともと国家と同一視された武装の機関としての民兵から、国家に対して固有な法律的主観性を有する、主権的な人民の機関となった。憲法議会の民兵は国家的秩序のために存在したが、その任務は以後国権の機関に対し、人民の憲法的権利の保障となった（フランス一七九一年憲法第四編第一条、第二条）。そして一八三〇年の修正シャルト第六六条は、実にその意義を表明したものであった。これと殆んど同時に制定されたベルギー憲法第一二二条及び第一二三条も、また右と同一の意義に解さるべきである。

プロイセンでも一八四八年の革命は、軍隊が国王に対する関係を、フランスの憲法議会におけると同様に見出した。すなわち軍隊は王軍であったが、国軍ではなかった。しかし少くともこの法律関係が表面的には単に経過的に変更された。

一　軍隊の今後の国家的特性は、これをその憲法に対する宣誓によって見出さんとした。

二　民兵もまた一時的ではあったが存在した。

このようにしてプロイセンでは、絶対制的国家の法律形式が依然存続せしめられた。すなわち王軍と自由主義的な市民が相対立した。これに反してベルギーでは、軍制は全然革命的性格を有した。

プロイセンでは軍事法の領域においては、立憲化が完成されず、議会が軍隊に対するコントロールは成立しなかった。しかし一九世紀の自由・民主主義の発展は、プロイセン軍人国家をして、困難な防御的な地位に押し入れた。そして運命的な抵抗し難さを以て、プロイセンは前方に押し出され、その運命は全く予想し得るものであった。

日本

明治憲法第一〇条、第一一条及びとくに第一二条は、旧プロイセン王国憲法の現実に基いて制定されたものである。ここに一々論証するまでもなく、軍隊の処理に関する事項の多くは、第一二条に規定されていた。明治憲法の現実においては、第一一条及び第一二条が不可分に帷幄上奏によって運用されており、第一一条の「統帥」中に二種の概念が包含されていたことが明らかになされ得ないで終った。

わが憲法現実において軍の処理が如何に行われていたであろうか。

一　軍隊の編制及び兵額の決定　明治二三年一一月勅令第二六七号陸軍定員令の制定に際し、編制及び定員に関して帷幄上奏により閣議を経ない勅令の制定の方式が承認され、以後この主義が行われていた。だがその後においては勅令の形式はとられなかった。

年々の兵員の徴集に関しても明治二九年勅令第一一二号徴兵事務条例第一八条以来帷幄上奏によって決定されることになった。

二　軍令機関の組織及び権限　参謀本部及び軍令部並びに陸海軍の司令部等の組織及び権限等は、いずれも明治四〇年に制定を見た「軍令」の形式によって定められた。

三　軍隊の勤務規程　陸海軍ともに軍令の形式によった。

四　軍の紀律　懲罰令は陸軍にあっては「軍令」、海軍にあっては「勅令」により定められ、いずれも法律の委任によらしめなかった。

五　管区　陸軍にあっては軍令、海軍にあっては勅令の形式によった。

六　軍隊検閲　陸海軍ともに「軍令」の形式によった。

七　軍隊教育　陸軍にあっては軍令、海軍にあっては勅令の形式によった。

八　軍人の人事　陸海軍大臣がそれぞれ陸海軍々人の統督をなし、将校の進級、補職及び命課は、いずれも帷幄上奏によってなされた。

九　旗章　陸軍にあっては軍令、海軍にあっては勅令の形式によった。

このように軍隊の処理が、その多くにおいていわゆる「国務」又は「政務」とはせず、絶対主義的になされ、統帥権の強化に伴って、その傾向が益々強化され、文権優越の下における処理とは、格段の相違をなさしめていた。

第一編　文権優越の構造

第五章　軍隊の構成

概　説

軍隊の構成と国家保障組織 National Security Organization の差異が、まず第一に明らかにされなければならない。「国家保障組織」といった概念は、全く新規なものであって、戦争が全体的又は総力的 total に準備され且つ遂行されるようになった今日において、必然的に現出している。戦争の準備が積極的になされ且つ戦争が全体的に戦われる国家にとって、このような組織は重大な意義を有することになる。

従前においては、陸軍及び海軍は真実に独立しており、情報のような致命的な事項においてすら充分に連絡がとられていなかった。外交と軍事及び政治の連絡もできていなかった。戦争中各省の事務の調整も行われていなかった。このような現象は第二次世界戦争中アメリカ連邦においても見られ、これらを克服すべく、同連邦において「国家保障組織」が樹立されるに至っている。

軍事施設の基本的な軌範又は標準は、次の如く定められなければならない。

一　国家保障組織の主要目標は、平和の維持に存する。しかし常に国家保障の保護のために、人的及び物的資源の全部を配列すべく、急速且つ有効に準備し、そしてそれが可能でなければならない。

二　文民的影響が国家政策の形成において支配的であり、且つ軍事施設の文民的コントロールが明確に設定され且つ強固に維持されなければならない。

三　国民は軍事費の支出に対して、最大な可能の報酬を求める権利を有する。

四　軍事的能率・戦争準備が国家軍事施設の基本的な目標であらねばならぬ。

軍事力は国家保障の一要素にすぎない。過去においては、国家保障は純粋な軍事的条件において考えられがちであった。ところが今日では有効な国家的戦略は、各種（人的、物的、産業的、科学的、政治的及び精神的）の国家資源を包含しなければならぬ。軍事力は最後の手段である。そして軍事政策及び準備は致命的である。しかしそれは全体としての国家保障の一部にすぎない。この政策が成効するがためには、絶えず政治的目標、軍の計画、経済力及び国民的組織を包括的に且つ注意深く系統立てた国家政策及び目的に統合しなければならない。

健全な国家保障計画のために、必要である最も基本的要件は次の如きものである。

一　内外及び軍事政策の統合が第一歩である。

二　信頼するに足る情報が致命的な必要である。

三　軍事計画が国民の必要及び能力に結合されなければならない。

四　軍事予算が国家軍事施設の終局的規制である。

五　多くの政府機構が国家保障計画において重要な役割を演ずる。

六　国家保障組織は、国家政策をコントロールすることに関し終局的責任を有する国家の元首の、より高い権威の下にある。

軍隊の構成に関して、一国の政治憲法と軍事憲法の関係が明らかになされなければならない。これらの関係は、外部的相互作用の関係又は相互の関心及び結実の関係のみではない。ここで決定的問題となるものは、政治及び軍事両秩序の内部的一致である。あらゆる憲法形成の最高課題は、あらゆる個々の制度及び勢力が一致させられることとである。種々の生活領域の、このような一致が達成されるときにおいてのみ成効する。善良な憲法原則は、同形性には存しないで、同一性に適合せしめられることに存する。軍事憲法が政治憲法のあらゆる個々の事項において、同形的に形成されないで、両者が同一の政治的理念によって滲透され且つ同一の大きな原則によって建設されることが、憲法の単一性の前提である。もしも軍事憲法と政治憲法が相反する原則に従って形成され、かれらが内部的に一致せず、相互に敵対するところでは、憲法は割目を包蔵し、それは一時的に隠弊することができるけれども、戦争又は国内の憲法争議に際して現出せざるを得ない。これはさきに述べられたプロイセン・ドイツ又は日本における現実によって、その誤りでないことが実証されておる。

国家の政治憲法と軍事憲法が最も密接した関連の下に存在し、政治憲法の基礎となっている政治的思想が軍事憲法に流れこんで軍隊の地位に関してともに決定的に参加しなければならない。自由・民主主義制の下では、軍隊もまたこれらの主義に基いて形成されておらなければならない。軍隊は個人の自由の防衛にあたり、これを構成する者も同一の政治理念によって貫徹されている者でなければならない。ここにすでに述べられた「市民・兵」という指導の出現の契機を見出さなければならない。

西欧諸国においては、そのもともとの兵制である「民兵」を有し、次いで「封建役務」を生じ、「傭兵軍隊」の組織を見た。中世の絶対制君主は「常備軍」を有し、この常備軍と傭兵軍隊はいずれも傭兵の方式によって募兵され、その兵員が内外のいずれの人たるかを問わなかった。外国人傭兵の方が内国人傭兵よりも国王に対してより忠実であるとさえ考えられていた。

国民それ自身からなる民兵は、自由主義者たちからは、同質の自由の擁護者であると考えられていた。現代自由主義軍隊は民兵及び常備軍から形成されたものであり、国民は個人の自由の防衛の権利及び義務を有する者となされている。そして未だなお「民兵」的理念がその根底において痕跡を残している。

戦争勤務拒否

(一) 概説

軍隊の構成をなす者に関連して、いわゆる戦争勤務拒否が述べられなければならない。戦争勤務の拒否は一般的方法での戦争勤務の法律的強制が採用されるときにおいて生ずる。武器を以てする勤務からの解放は、立法者の認容によって、一定の群の人々について行われる。立法者はこれらの人々の見解を是認しないが、これらの人々に対して良心の強制を行使し得ない。しかしこれは良心の自由の原則の特別の拡張であって、この自由は、一般的な国家的法律義務（納税義務及び刑法等）においてその限界を見出すところの、その伝統的な範囲を超越している。戦争勤務の拒否の承認は、戦争勤務に対する国家の根本的な立場とは何等関係はない。だがこの問題は総じて、まず一般兵役及び勤務義務の採用に際して生ずる。

戦争勤務の拒否は国家権力に対する抵抗権から誘導することはできない。この拒否は抵抗権をその境界において接触させている。最高権威として法律に具体化されている国家意思に対する抵抗権が否定されている今日、それが法律にしろ、また行政行為であるにしろ、国権の違法な行使に対してのみ抵抗権が承認されている。この見解はその淵源を自然法に求める。国家はより高位の法に服しており、この法から個人に対して、権力の濫用が極端である場合において抵抗への権利、必要の場合には義務が生ずる。二、三の人権宣言又は憲法においては抵抗権が明文的に承認されている（たとえばフランスの一七八九年の人権宣言又はアメリカ州憲法等）。

戦争勤務の拒否に際し、抵抗権の問題は、国家が良心の自由を全然又は一部しか顧慮せず且つ戦争勤務からの解放を与えていないところにおいてのみ生ずる。しかし戦争勤務の拒否者は必然的に国家的勤務義務の一般的、法律的及び道徳的義務を否定しない。かれらはこの義務を一般に違法であると宣言せずに、特別な良心の確信によってのみ個人的にこの義務に対抗する。まず第一に勤務拒否者は国家に対して制限された抵抗権しかを行使しない。かれらは能働的に法律に対抗しないで、内部から権力の行使を道徳的に克服するために、受働的な不服従、国家的命令の苦しんだ不遵守の途を選ぶ。その内部的志向及び犠牲への用意を立証するために、補充勤務をなす気がある。かれらが単なる受働的な不服従の限界をこえ、国家防衛に対して能働的な抵抗を企て、国家に対して一般的な不服従を要求し、国家的又は社会的秩序の変革を主張する瞬間において、真正の戦争勤務の拒否の道徳的及び法律的領域から逸脱する。このような政治的又は革命的傾向は叛逆罪として刑法的批判の領域に到達する。

真の抵抗権の問題は、一定の戦争の拒否といった形態において現われるであろう。すなわち戦争が法律的且つ道徳的に違法とみなされ且つそれ故それへの参加が拒絶される。これは正義の戦争理論に依拠することによってのみ生ずる。今日の国際法においては、これら戦争は攻撃的戦争の判定の形態においてのみ承認される。戦争が攻撃的であるかないかは個々について判定することは頗る困難である。

法又は国際法のより高度の原則に対して明瞭に矛盾する国家的又は軍事的命令に対する不服従の問題は、戦争勤務の拒否とは関係はない。これは平戦両時における官吏及び軍人の服従義務の限界にかかっており、官吏法及び軍刑法の問題に属する。

(二) イギリス、アメリカ及びオランダにおける戦争勤務拒否の処理　まず第一に、ドイツ連邦基本法(ボン憲法)第四条第三項において次の如く規定されている。

何人もその良心に反して、武器をもってする服務に強制されることがない。その細目は連邦法律で定める。

そしてこの細目に関しては未だなんら法律の制定がなされていない。

良心の根拠から戦争勤務の拒否の法律的規制は、第一次世界戦争における兵役義務の採用とともに、アングロ・アメリカ国家において緊急となった。一九一七年五月一八日のアメリカ連邦兵役法第五九節は、あらゆる形で戦争に参加することを拒否する、著名な宗派又は団体に属する者を兵役義務から解放した。イギリスでは、一九一六年に「良心的拒否者」Conscientious Objectors の解放への委任が裁判所に付与された。これら両国において数多くの刑事訴訟が生じた。一九四〇年九月一六日の選抜訓練及び勤務法の制定によって、アメリカ連邦において兵役義務が再び採用されるに際し、「歴史的平和教会」Historic Peace Churches (Quaker, Mennonit, Brethren Churches) の準備的協力の下に、法律的解放の範囲が著しく拡大された。一九四六年に右法律は廃止され、一九四八年の再採用に際して当該規定が兵役法にとり入れられた。イギリスでは一九三九年の兵役法 National Service (Armed Forces) Act 1939 (2 and 3 Geo. 6, C. 81) 及び一九四八年の同改正法 (11 and 12 Geo. 6, C. 64) において戦争勤務拒否者に関する非常に寛大な規定が包含されている。オランダの一九二三年七月二三日の勤務拒否権（官報第三五七号）が存している。更にイギリス法にならったカナダ、オーストラリア及びニュー・ジーランドの法律がある。デンマルク、スエーデン及びノルウエーではオランダ法にならって法律が制定されている。ベルギー及びスイスには当該法律はなく、イタリア及びフランスでは問題となっている。

兵役義務拒否法に関して四つの問題が存している。まず第一に、良心の根拠から戦争勤務拒否者の範囲の限定がなされなければならない。何人が良心の根拠から戦争義務の拒否者としてみなされるであろうか。イギリス法では、裁判官に対して法形成に関して自由な領域を与えている慣習に従って、「良心的拒否者」の定義を与えることが避けられている。アメリカ法では、「宗教的訓練及び信仰の理由により」*と規定し、オランダ法はその範囲を狭め且つ明文的に信仰によって同胞の殺人をしてはならない者であることを要し、この方式がフランス案でもとられている。

＊　一九四八年の選抜勤務法（50 U. S. C. App. 456）においては、「宗教的訓練及び信仰の理由により」by reason of religious training and belief に関して次の如く規定している。

「この関係において宗教的訓練及び信仰とは、いずれかの人間の関係から生ずる義務よりも優れた義務を包含する至高の者に対する関係における個人の信仰を意味するが、しかし本来の政治的、社会学的もしくは哲学的見解又は単なる個人的道徳体を包含しない。

良心的拒否者であるために、その要求が地方委員会によって支持された、戦闘的訓練及び勤務からの免除を要求する者は、もしもこの権原の下に軍隊に編入されるならば、大統領により定められた非戦闘勤務に配置され、もしもかかる非戦闘勤務に参加することを良心的に反対することが見出されるならば、その勤務は延期されなければならない。」

すべての法律において、強力の完全な否認、とくに戦争勤務における強力の行使及び戦争における殺人の否認の見解を代表する戦争勤務拒否者たちが解放されている。その際にこの確信が宗教的見解に基くか又は倫理的―人道的基礎の下にあるかはこれを問わない。カトリックは平和及び平和志向を促進しているが、絶対的戦争の反対の立場を代表しない。あらゆる場合において戦争勤務及び強力を否定する者の団体には、アメリカ連邦ではクエカア Society of Friends Mennonits Brethren Churches、更に Adventists New Apostolics、終により急進的な Jehovas Witness（Watch Tower Society）（これは欧州においても無条件な戦争反対の下に重要な役割を演じ、そして多くの国々において、法律的な解放に際しても、かれらのあらゆる拒否――申告、医術検査等の拒否によって、刑事訴追に触れる多数の人々を包含している）が属している。倫理的・人道的志向からの戦争反対者には平和主義者、社会主義者（イギリス）並びにトルストイ及びガンディ等の帰依者が包含される。

政治的理由から戦争、政治的又は社会的理由から一定の戦争を否定する人々は、どんなに取り扱わるべきであろうか。オランダ法は絶対的な戦争否定を要求し、右のような者を保護から除外している。イギリスでは第二次世界戦争において、ウェールス国民主義者たちが軍隊において勤務することを拒否した。陸軍省の代表者は次の見解を述べている。

良心の理由と他の理由の差異は、程度のそれではなく、種類のそれである。概念の包括的定義は恐らく可能ではない。武器を以てする勤務又は兵役勤務を履行し、或は軍事登録簿に登録せしめようとしない者は、かれが反対者であることを自身でさがし出そうとする限り、その解放のために裁判所に対して申請をなす理由を証明しなければならない。

裁判所は右の趣旨で判決を下している。後に至り地方の裁判所の実際は、右よりも緩和された。これら裁判所は政治的動機を以てする勤務拒否者をも承認した。しかしこのような非平和主義拒否者の承認はイギリスに限られている。

第二に、解放の範囲に関してすべての立法例においては、武器をとらない勤務につかんとする者とあらゆる戦争勤務を拒否する者に区別されている。イギリスはこの外に軍人登録簿に登録をなすことを拒否する者をも区別している。このような二分主義は、実際の要求を考慮に入れることができる。イギリスでは一九三九年から一九四八年までの総計六二、三〇一の申請中一八、四九五が拒否され、一七、二三一が武器を以てしない勤務、二六、五七五が兵役義務からの完全の解放にかかっていた。

武器を以てしない勤務の概念は立法においては詳細に規定されてはおらない。イギリスではこの中に、衛生勤務、補給勤務、建築、運送、民間防空及び取り片附け等が包含せしめられた。アメリカ連邦では法律が大統領に対して武器を伴わない勤務に関して、詳細な規定をなすべく委任をなしている。

あらゆる戦争勤務拒否者は今後何時にても完全な勤務を引き受け、特典を放棄することを宣言することができる。

第三に、解放の特典への認容の手続は、どんなになされるであろうか。各国は勤務拒否に関して取り出される良心熟慮を厳格に審査する手続を規定している。この手続は、召集前に服役拒否者の地方的登録簿に記載される申請によって開始される。この申請は独立的な地方委員会によって決定される。この構成はアメリカ連邦においては大統領により最低三人から定められ、イギリスでは一人の予め法律的に教育された委員長（州裁判所判事又はバリスター）及び大臣から任命された六人の委員からなされ、党派的ではなく、その中二人は労働組合と協議の上任命されなければならない。申請者に対して右と同様に組織された第二審が開かれている。オランダでは一審であり、大臣から任命された委員会で申請者から聴取する。手続は証言及び口頭聴取を以て、勤務拒絶者の理由、本質及び強度が明瞭にされることが企図されている。

勤務拒否者が召集後又はその申請が拒絶された後具体的な命令（制服の着用等）を拒絶したときに困難な問題を生ずる。イギリスでは法律第二一節により徴集前に申請をなし且つ拒絶された者にとって、更新された審査手続が召集裁判所でなされることが認められている。オランダでは軍隊からでも（ママ）の解放の申請が認められている。

第四に、兵役義務から解放された者のために、文事的な補充勤務の制度が設けられている。全然兵役義務から解放された者のために、すべての国々においては、文事的指導の下にある補充勤務が規定されている。オランダでは当該兵役勤務よりも、武器を以てしない勤務を八個月、補充勤務を一二個月長くなさしめている（第四条）。アメリカでは勤務拒否者は戦争後一定の期間を経過した後において、始めて政府の費用を以てする勉学をなすことが認められている。これらのような不利益な取扱いは、勤務義務を完全に履行する大衆に対比してなされる当然な待遇であることがみのがされてはならない。

アメリカ連邦では補充勤務はキャンプにおける農業及び森林作業又は各種の自由意思による補充勤務（医学的試験、森林防火）、イギリスでは、防火、衛生施設における看護人としての配置及び農業労働に充てられている。

イギリス

イギリスの常備軍に関してはすでに述べられている（第二章二）。原初的民兵に関してはここに省略し、一六六〇年以後の当該制度に関して略述するであろう。

王政復古後、下院は王国の民兵を立憲的な基礎の下に置かんとしたが、詳細な規定をなすことができなかった。一六六一年の一法律によって、その前文中において

一　すべての軍隊の最高指揮権は国王に存し

二　州長官として王命の下に勤務する者を保障し

三　国王は国法が命ずる場合でなければ、人民を王国外に進軍させてはならない。

旨が宣明せられた。

次いで二つの法律（チャァレーズ二世）が制定され、民兵はその基礎をこれら法律の上に置くに至った。一七五七年に至り各州の民兵は国王が任命した州長官の支配及び指揮の下に置かれた。民兵は全く地方的なものであったが、叛乱又は侵襲の鎮定のためには、いずれの州にも出動させられることができ、騎兵と歩兵から成っていた。法律の定めるところにより、資産家がその供給に任じ経費を負担し、兵数は住民の資産の程度により定められ、民兵のあらゆる犯罪は、軍法会議ではなく、文事執行官によって処罰された。州長官は議会の承認を受け、州内における最高の軍人となり、王国の治安維持のために有害であると認められる者が有する武器を捜索し且つこれを押収する権限をも委任された。

チャァレーズ二世及びゼームズ二世の時代における、常備軍及び民兵の歴史を見ると、議会は常備軍

に対しては不信を表明したが、民兵に対しては右に反して信用するところがあった。その理由とするところは極めて明白であった。民兵はイギリス貴族の直接の影響の下にあって、給料以外において生活の資を有する者から成立し、その将校は王臣ではなかった。教会及び国会を基礎とする国家制度に対して、むしろ忠誠を負い、民兵は国王のコントロールを受けず、国王はその兵数を減少することもできなかった。国王の勢力は州長官又は同副長官を通じて行使されるか又はこれらの者の法律上の権利を廃棄するのでなければ、その行使をなすことができなかった。そしていうまでもなく、常備軍は右とは全く反するところがあった。常備軍の存在は、国王の意思に存し、将校及び兵卒の進級もその胸中にあった。議会は国王及び常備軍が、国民の自由に対する侵害の、防衛手段として、民兵をその掌中に置かんとした。光栄革命後民兵を常備軍の代用とし、その改編に関して深く意が用いられたが、次世紀の中頃まではなんらの処置もなされなかった。

一七五八年から一七六三年の間に制定されたところの、いくたの民兵法は、一七八六年に至って一つの法律26 Geo. III C. 107に綜合統一された。その前文中において、次の如く述べられている。

グレート・ブリテン内に土地を所有する将校の指揮の下にある、それぞれの軍隊は、この王国の憲法に対して至要である。そして今法律によって設置された民兵は、その制度の目的をなしとげることができるとされ、有効な勤務のために短時間の通告でその絶えない用意がなされることにより、グレート・ブリテン王国の国防に対し最重要である。

一七九三年以来一八一五年までの間に、民兵に関し一七一の法律が制定された。これは北アメリカの独立及びフランスとの戦争に際して、大規模な兵力を要し、強制徴集の必要に迫られたことにもとづくものであった。

一八一五年の平和克服の後、民兵は実際上殆んど廃絶に帰し、この制度は一九二一年まで継続されたが、他の民兵法規とともに廃止されるに至った。

なお一八七一―七二年に至り、民兵の指揮権が完全に国王に復帰し、国王はその指揮権を陸軍大臣の輔弼により、委任を受けた者により行使させ、ここにおいてイギリスにおける陸軍軍隊の指揮権は全く一元的に統一されるに至った。

一九一四年以来第一次世界戦争に際して、イギリスでは強制徴集の制を定め、大規模な軍隊を編成することができた。だが、一九一八年一一月に至り強制徴集の制度は停止され、強制徴兵法は一九二一年八月三一日に至って消滅し、以後常備軍軍隊は志願徴募の制によった。

第二次世界戦争に際しても、また一九三九年九月一日強制徴兵法が制定され、その後の世界情勢によって、今日までも、強制徴兵法*が施行されている。

＊ National Service Act, 1948（11 AND 12 Geo. 6 Ch. 64）: The National Service Act, 1950（14 Geo. 6. Ch. 30）

イギリス陸軍は正規軍及び地方軍から組織されている。「正規軍」は一二年間（この期間は延長され得る）志願を以て服役する軍人と一八才以上の男子で一八個月の強制訓練に召集される「国家勤務兵」National Servicemen を包含する。

地方軍は、(一)同軍の指揮官及び教官たるべく、四年間服役した経験者と一九五〇年六月以後は、(二)正規軍において一八個月の勤務を終了し且つ地方軍における四年間の服役義務ある者から編成される。

正規軍は野戦軍の強固な核心をなし、海外守備の主力、国家勤務兵及び地方軍軍人の教官であり、また新兵器を操縦し、新規な訓練及び戦術理論を軍事的事実に移すところの高度に訓練された軍隊であり、そして陸軍動作の標準を維持し且つ向上する。

アメリカ連邦

連邦憲法の制定に際し、憲法会議はしばしば常備軍の維持の要否、文権優越及び民兵等に関して論議をなした。種々論議の結果正規軍と民兵に関しては、イギリスにおける常備軍及び民兵の両立に倣い、それを認めることとなした。「民兵であってよく紀律されたものは、国民の自由の保障に欠くことができない」となされている。

憲法制定会議において、民兵に関する管轄権が大いに論議され、その管轄権の全部を州に委すべしとするもの、全然これを連邦に与えんとするもの及びその妥協である折衷の三案を得たが、遂に最後の案に決し、連邦と各州の混合管轄の制が採用され、連邦憲法第一条第八節第一五号及び第一六号の規定を見るに至った。すなわち憲法は州民兵の共働的及び共同的なコントロール及び使用を規定している（U. S. C. Title 32）。国会は統一された兵員及び紀律を以てする民兵制を確保すべく必要な一般的規則を制定することとし、その組織の細目、将校の任命及び訓練を州に委任している。

民兵とは、一八才以上四五才未満の、すべての強壮な男子からなり、それが三種・護郷軍 National Guard、海軍民兵 Naval Militia 及び未組織民兵 Unorganized Militia に区分され、第一種のものは、連邦正規軍と同一視さるべき組織を有している（32 U. S. C. 1, 4a, 5）。

護郷軍は大統領により選抜され（32 U.S.C. 81）。大統領は左の三つの場合に州民兵を召集することができる（32 U.S.C. 81 a)。この場合には大統領のみが、召集に関する唯一の判断者であり、民兵は連邦勤務のために召集されたときには、各州の管轄権から離れる。

一　連邦が外国から侵襲され又はされるおそれがあるとき

二　連邦政府の権威に対して叛乱 Rebellion[*] があったとき

三　大統領がその指揮の下にある正規軍を以て、連邦の法律を執行することができないとき

この第一の目的のために、領域外において民兵を使用することができるであろうか。法文は国外の使用を禁止しているようであるが、実際においてはその使用が認められている。なお民兵は連邦勤務のために召集されると、正規軍の一部となるから、民兵は正規軍として海外に派遣されることができる。

＊　連邦憲法では、「叛乱」が Insurrection と規定されている。

各州憲法中においては

州議会は連邦陸軍を規制する規則に適合するが如く、民兵を組織する権能を有し、州知事は当該州の陸海軍の最高指揮官である。

との規定を有している。

連邦憲法は州民兵の形式で、一般兵役義務を規定し、侵襲の防禦、叛乱の鎮圧又は連邦の法律の執行のためにするより外に、これを使用することができないとなしている。連邦憲法は陸軍を徴募し及びこれを維持する権限を議会に与えている（第一条第八節第一二号）が、この憲法制定当時においては、強

制兵役を以て外戦にあたっていた国家は存在せず、いずれもこれがためには志願による軍隊―傭兵軍隊を使用していた。しかしこの憲法が実施された後、数年を経ない間にフランスは強制兵役制を採用し、以後の変遷は、この陸軍を徴募し及びこれを維持する権限に関する解釈を変更せしめたようである。

南北戦争に際し南北両軍とも強制兵役制によって兵員を徴集した。第一次世界戦争に際し一九一七年五月一八日選抜徴兵法によって、外国との戦争のために、始めて軍隊を強制兵役制によって組織することを得せしめた。政府がこのような権限を与えられたのは、アメリカ歴史上最初の出来事である。この戦争後においても、この制度を継続せしめんとしたが遂に成効しなかった。

第二次世界戦争に際し、この戦争にアメリカが未だ参加しなかった以前、すなわち一九四〇年九月一六日から、選抜訓練及び勤務法が制定された。この法律は一九四六年に廃止され、一九四八年から更に制定実施されている。そして一九五一年六月一九日「一般軍事訓練及び勤務法」が制定された。これがいわゆるU.M.T.であって、アメリカにおいて論議を招いている。この法律が制定されたものの、一般訓練が現実に実施されるがためには、議会は特定の計画を承認しなければならない。ところが一九五二年三月上旬下院はその法律案五、九〇四号を棚上げしてしまった。

ここで強制兵役制に対する憲法的反対に言及されなければならない。強制徴集が「人の意思に反する苦役」*Involuntary servitudeとなり、憲法修正第一三に違反するとなされた。ところが連邦最高裁判所は第一次世界戦争中、いくたの事件**において、苦役と義務――基本的義務duty-fundamental obligationを識別し、強制徴集を支持した。

＊　日本国憲法第一八条参照。
＊＊　Selective Draft Law Cases（245 U. S. 360（1918））

以来しばしば強制徴募が問題となったが、戦時中か又は国家が戦争の危機に面しているときには、少くとも徴兵は合憲的であるとなされている。

ここで平時の徴兵に言及しなければならない。第二次世界戦争前又はその後おいて、徴兵が恒久的な政策として弁護されたときに、劇しい反対にあった。平時の強制徴集に関する主たる法律問題は、国民の権利が侵害されるということには存しないで、このような計画によって州に留保されている権能が連邦により侵害されるおそれがあるかないかに存している。青年男子はその訓練は州に留保されている民兵を構成している。連邦憲法ではもともと、連邦軍隊が平時における少許の志願常備陸軍と海軍並びに必要に応じ連邦勤務に召集されることができるところの、州のコントロール及び訓練の下にある市民からなる民兵から構成されなければならないとしている。これがもしも真であるとするならば、問題は裁判所が現代の状況に面してもともとの意図により拘束されるかされないかに存する。いずれにしても、「陸海軍を徴募し且つ維持する」権限をその含蓄された権限と併せて考えて、もしも採用される制度が州から民兵を組織し且つ訓練すべく州との調整された権限を奪いとらない限り、平時徴兵の合憲性は強力に支持されるであろう。一九四〇年の選抜訓練及び勤務法は憲法的理由ではげしく論争されてはいない。

陸、海及び空の三軍は、現代の戦略戦術の下においては、個々別々でなく、綜合的に使用されており、その存在の目的が予め確定されお（ママ）るばかりか、その使用の調整並び重要度等が規制されていなければならない。アメリカ連邦の規制の下においては、これらの諸点が頗る明確に規定されている。

連邦陸軍（5 U. S. C. 181 e）は、陸軍省の下に、陸上戦闘及び勤務部隊等にそれと組織的である航空及び海上輸送を包含する。陸上作戦に附帯する、急速及び一様の戦闘のために主として組織され、訓練され且つ装備されなければならない。戦争の有効な遂行のために他に割り当てられたものを除き必要な陸軍の準備に関し、並びに統合された共同動員計画に従い、また、戦争の必要に応ずべく平時構成分の拡張のために責に任じなければならない。

連邦海軍（5 U. S. C. 411 b）は、一般に海軍省の下に、海軍戦闘及び勤務部隊並びにそれと組織的である航空を包含しなければならない。海上における作戦に附帯する、急速及び一様の戦闘のために主として組織され、訓練され且つ装備されなければならない。戦争の有効な遂行のために、他に割り当てられたものを除き必要な海軍の準備に関し並びに統合された共同動員計画に従い、戦争の必要に応ずべく、平時構成部分の拡張のために責に任じなければならない。

すべての海軍航空は海軍省の下にその一部分として海軍勤務と統合されなければならない。海軍航空は戦闘及び勤務並びに訓練部隊から構成され、連邦海軍の作戦及び活動に包含される、陸上海軍航空基地によってての航空、海軍作戦に欠くべからざる航空輸送、すべての航空兵器及び航空技術を包含しなければならぬ。更に連邦海軍の航空組織のすべての、残余並びにこれに関する人員も包含されなければならない。

海軍は一般に海上偵察、対潜水艦戦闘及び海上輸送の保護に関して責に任じなければならない。

海軍は海軍の戦闘及び勤務用の、航空機、兵器、戦術、技術、組織及び装備を発展させなければならない。これら職能に関する共同事項は、陸軍、空軍及び海軍の三者間に調整されなければならない。

連邦空軍（5 U. S. C. 616 f）は他に割り当てられない、戦闘及び勤務航空部隊を包含する。急速及び一様の攻守航空作戦のために主として組織され、訓練され且つ装備されなければならない。空軍は他に割り当てられたものを除き、戦争の有効な遂行のために、必要な空軍の準備並びに統合された共同動員計画に従い、戦争の必要に適合すべく、空軍の平時構成分の拡張に関して責に任じなければならない。

なお陸海空三軍の職能に関し、一九四七年七月二八日の執行部命令（大統領命令）第九八七七号（Ex. Ord. No. 98. 77, 12 F. R. 5005）において、詳細に規定されている。

連邦憲法及び諸法律によって与えられた権限並びに大統領及び総指揮者として、三軍に対して主要な職責及び責任の割当をなす。

第一節　連邦軍隊の共通の使命は次の如きものである。

一　内外の、すべての敵に対して連邦憲法を支持し且つ防衛する。

二　時を得た且つ有効な軍事行動により、連邦の保障、領土及びその利害に対して致命的である地域の安全を維持する。

三　連邦の国家政策及び利益を維持し且つ促進する。

四　より高級の権威により命ぜられるが如く連邦の国内的安全を保護する。

五　これらの目的のために必要である、陸海空における、統合された作戦を指導する。

以上の使命の完成を容易たらしめるために、軍隊は統合された計画を樹立し且つ調整された準備をなさなければならない。各軍は一般原則を遵守し且つ以下に略述された特定の使命を履行し、経済及び効果が増進される、すべての場合において、他の軍の人員、装備及び便宜を利用しなければならない。

第二節から第五節において、連邦陸海空軍の職責に関して詳細に規定されている。さきに引用された法律の諸規定によりほぼ理解されることができるから、ここには繰り返さない。なお三軍の待遇及び機会の均等に関する大統領委員会（Ex. Ord. No. 9981, June 27, 1948, 13 F. R. 4313）が設置されている。

フランス

革命前の旧制では陸軍軍隊は正規軍及び民兵から編成された。

(一) 正規軍は内国人軍隊及び外国人軍隊から成立した。フランス人連隊はフランス全土に渉って、自由募集によって編成され、その兵員の多数は、市街地における無頼漢、労働を忌避し又は失業した手工業者並びに日雇人等からなり、これらの者は性癖からするのではなく、軍隊における要求が、かれらをして兵卒たらしめた。スイス人連隊はフランス軍隊の中核をなし、各方面で、その優秀な紀律・確実性及び戦闘力によって、他の種の軍隊を凌駕した。この種の連隊勤務はフランス政府とスイスの州 Canton の間に締結された特別の契約に基き編成された。その他ドイツ人、ベルギー人及びアイルランド人連隊があった。

(二) 民兵軍は地方の小数(ママ)区毎に、最初は選挙、後には抽籤によって服務した。民兵軍及び民兵の名称が一七七一年以来地方連隊及び地方兵と改称された。これら民兵軍は戦時には要塞の守備に任じ、歩兵連隊の留守部隊で服務した。なお最後の予備軍として市民民兵 Milices Bourgeoises を有し、一八才から四〇才に至る人民をして服務させた。そしていくたの服務除外者を認め、主として小市民及び細民から徴集した。これら民兵勤務は、平時にあっては、城門の監守、新兵の指揮、強制労役者の護送、火災に際しての警察勤務並びに公の儀式及び盛典の増援に任じ、戦時にあっては、俘虜の護衛及び必要に際し都市を防禦した。この種の民兵は一七八九年まで継続された。

一七八九年一二月憲法制定議会は、正規軍の徴募に関し、志願によるか、又は、強制徴集 conscription によるかを論議し、同月一六日全会一致で、軍隊の要員は志願によって徴募すべき旨を決定し、一七九一年三月九日に至り、正規軍に関する命令を討論なく決定した。一七八九年の僧侶及び第三級民の上奏書 Cahiers で民兵の廃止が要求されたとともに、他の一方では、憲法制定議会の議員の多数は、しばしば述べられた「市民―兵」の思想を讃美した。

一七九〇年一二月六―九日の公力の組織に関する命令で一八才以上の男子（公民 Citoyen Actif 及びその子弟）に対して人的強制軍事役務が命ぜられた。これがフランスに長く採用されていた国民軍 Garde Nationale の制である。国民軍は公安の維持のため「市民―兵」があたらなければならないとするものである。なお一七九一年五月四日に至り憲法制定議会は旧民兵軍及び民兵義務を廃止した。

これら二種の軍隊――正規軍及び国民軍は相互に区別されなければならない。フランスの諸憲法は公力 Force Publique に対して二種の任務を有せしめ、外敵に対して国家を防護し、国内においては公安の維持及び法律の執行に当らしめた。正規軍は主として外敵に当たり、国民軍は公安の維持に任じ、補助的に正規軍の作戦に加わり且つ国境の防護を援助し、実際では第二位に置かれた。

その後の一々の経過はここに省略する。一七九三年八月二三日の法律により、フランス共和国領土から敵が駆逐されるまでは、フランス全国民は、軍役のために永久的に徴集されたものとして、老幼男女ともに軍役に服さなければならないとした。これがいわゆる総動員 Levée en Masse である。

共和暦三年の憲法第二八六条により、共和暦六年の陸軍の編成方法に関する法律が制定され、初めて「徴兵 Conscription 法」の名の下に採決された。本法はナポレオンの執政官及び第一帝政時代において、多少の修正の下に行われた。

王政復古に際し、一八一四年にルイ一八世によって欽定されたシャルト第一二条により、徴兵制度を廃止し、陸海軍の徴募の方法は法律によってこれを定むることとなした。ナポレオンの治下においては、徴兵制度が国内の治安維持のためにするよりも、侵略的戦争のために運用され、人民がこれがために受けた苦痛が大きかったから、その弊害を除去すべく、これを修正することなく、一挙に廃止することとなされた。なお本条に関して当時本条がフランスを王朝化することに成効し、君主政的及び世襲的な政府と暴君的及び破壊的な政府の差別をなすものであると述べられている。

一八一八年三月一〇日の法律により陸軍は任意徴募により徴集され、兵員の不足の場合には召集によってなされると規定した。この召集を以て「徴兵」とはなさなかったが、一種の強制徴集が認められている。この制度は以後数次の改正を経て一八七二年まで継続され、これがやがて普仏戦争に際しての敗因の一にあげられている。この制度の下では年々の募兵額を県及び郡等に配賦し、各カントンから出すところの壮丁は、抽籤の方法によってこれを決定し、役務期間を六年とし、服役の除外及び免除を規定し、代人の制及び抽籤番号の置換を認めた。この代人の制はやがて軍隊をして専門的軍人の団体となさしめ、軍隊と国民を没交渉となさしめるに至った。

普仏戦争終了後、一八七二年七月二七日の法律により、兵制の欠陥を是正すべく、一般兵役制度を採用することとし、代人の制等を廃止した。これがいわゆる「武装された国民」の制である。この法律は順次改正されたが、国民皆兵の主義に関しては、終始その変更を見てはおらない。なお第四共和国憲法中には兵役義務に関しては規定されてはおらない。

プロイセン・ドイツ

ドイツでも他の欧州諸国におけると同様に、原初的兵制であった民兵を有し、次いで封建役務を生じ、傭兵軍隊の組織を見た。中世の君主は常備軍を有し、この常備軍と傭兵軍隊はいずれも傭兵によって組織された。これら両者の根本的差違は、前者が国家的組織における、常設的制度としての、軍隊の確固な排列であったことに存する。

古い傭兵制の下における、自由徴募では、常備軍に要する多数の兵員を得ることができず、残忍な強制徴募でも充分な結果が得られなかった。フリイドリヒ一世は常備軍のためにする徴員の一定数を、個々の地方に配賦した。一方地方民兵が防衛の目的のために更新され、地方民兵は常備軍における勤務から免除された。古いゲルマン時代の遺存物であった地方民兵は、絶対制の下における臣民の義務の形態において、全く新しい内容を有するに至った。

絶対制の根本思想においては、臣下としての個人は、公権に対して完全に服従し、それ故国家は個人から各種の犠牲及び勤務を要求することができた。古いゲルマン時代の兵役義務は、自由民の兵役の権利及び義務であった。

絶対制の下では人口の多少が国富の基礎に関係があるとされ、労働能力を有する人口が平時軍事教育のために減少し、戦時消耗することは、濫費であると考えられた。この熟考は臣民の勤務義務を喜ばないで、徴募（なし得れば外国における）を愛好した。かくして絶対制の固有の原則から、一般臣民義務と外国徴募の二主義の争闘が生じ、遂にその妥協に導かれた。一七世紀の初期以来これら二主義が兵員補充法となった。

ブランデンブルグ・プロイセンにおいては、自由徴募の外に、臣民の義務に基く強制編入が行われた。その決定的形態は、一七三三年のカントン規則に見出される。このカントン制の下では、すべての臣民の一般的で、時間的に無制限な服務義務が、原則として認められた。地方民兵は廃止された。各連隊は一定の補充区を有し、服務義務者は編入され、必要に応じ補充員が選ばれた。そして重商主義的考慮から、数多の除外者が認められた。

陸軍はその一部分がカントン制によって編成され、その側において他の部分が自由徴募（外国におけるものを含む）が行われた。外国人将兵は相当数に達した。絶対制国家の要素的な力は、基本的軍隊が優越的に外国人将兵から成立する陸軍において、完全な意味で国家によって拘束され且つ忠義な陸軍を作ることに成効した。

絶対制国家における将校団は、単なる軍事的指揮制度ではなく、絶対制における政治的上層階級「選り抜き」を構成した。貴族が将校団に選抜された。これは貴族が武技に優れ、名誉を重んじたことに存する。しかるにここに市民階級の昇進の途が開かれてはいない。一八世紀において、諸国における国民的精神の覚醒によって、第三階級の政治的主張が生じた。このように二勢力の尖鋭化により市民的革命への危機が生ずるに至った。

貴族主義に基いて建設された将校団は、兵卒とは明確に区別されなければならない。将校団は本質上貴族から補充され、兵卒は人民の下層階級から補充された。将校は国家観念の保持者として自覚し、兵卒は国権の単なる客体であった。将校団と兵卒階級の、この対立において、絶対制軍隊の本質が最も明確に現われた。将校と兵卒の鋭い分離は、陸軍をして国民軍隊となすことができず、陸軍をして完全に一体たることを妨げた。この対立が一八〇六年のプロイセンの崩壊に際して宿命的に現われた。

この敗戦後国家と人民の合一から生ずる兵制改革が、内政改革並びに外国からの解放の前提であることが論ぜられた。シャルンホルスト及びグナイゼナウ等によって努力された兵制改革は、国家の包括的改革の一部であった。

軍事的更新を含んだプロイセンの更新事業が、フランス革命及び自由・民主主義的傾向から影響を受けたとすることは、従前からよく主張されているところである。古い秩序の克服においては、プロイセンの更新はフランス革命と一脈通ずるものがある。だが、しかしその形成的形態においては、全然相違していることをみのがしてはならない。フランス革命は絶対制国家からする個人の解放を基礎とし、且つ国家における市民階級の支配を建設した。プロイセンの革新家たちは、内外の隷属からの人民の解放を要求し且つ国家及び軍隊における人民の活動的協力の形成に努力した。すなわちフランス革命は個人主義的―自由主義的であり、プロイセンの国政及び軍制の改革は国民的―団体的であった。

軍制の種々の点において、個人主義的及び国民的な立場が対立した。前にも述べられたように、フランスの憲法制定議会は、最初から一般兵役義務の採用を否定した。募兵制度が自由な国民に妥当する徴集方法であるとなされた。フランス革命の国民軍は、民主主義的選挙原則の軍隊への移譲であった。各選挙権者が武装権を有し、この権なしには兵役義務を生じなかった。ところが任意応募軍隊が軍事的に役に立たないことが分明し、一七九三年に至り一般兵役義務制が採用され、一旦その目的が達成されると、この制度は廃止された。一七九四年、決定的には一八〇〇年に「代人制」が認められ、ここにいわゆる徴兵制度の基礎が建設された。なお広汎な除外者が認められた。これはいうまでもなく個人的になされたものであり、プロイセンのカントン制の下では、除外は階級的になされた。

一八〇七年にシャルンホルストの下に軍制の改革がなされるに至った。まず第一に、常備軍が一般兵役義務に基いて組織されなければならないとしたが、ナポレオンとの条約の結果この計画は挫折し、いわゆる「急拵えの兵制」によって、多数の短期既教育兵を獲得することになされた。第二には将校団の改編がなされ、一八〇八年八月三日の規程によって、将校の地位への貴族の特権が廃止された。第三に、兵卒階級の新建がなされた。兵卒は今や「民の屑」ではなく、人民それ自身が兵卒とならねばならない。これがために軍律及び紀律の方面で改善がなされた。一八〇六年頃には、プロイセン軍隊の三分の一は、外国人から成立していた。一八〇八年八月三日の軍刑法により、内国人を以てする兵員補充の主義が明らかにされた。だが、しかし国王はその実施に対して長い間反対した。これは国王には「国民軍隊」が革命的性格を有するものと見えたからである。

一八一三年二月三日に志願猟兵隊の編成が命令された。従来カントン制によって兵役を免除されていた青年男子が猟兵隊に召集された。これらの人々は自身で武装し且つ乗馬を準備しなければならない。これが「一年志願兵」制の前身である。同月九日に一般兵役義務制が採用された。これは現戦役間を限り、これまで兵役から免除された者が二四才に至るまで徴集された。更に同月一七日に後備軍の組織が命ぜられた。

一八一三年四月二一日に国民軍条例が発布された。この計画がフランス革命の自由・民主主義的理念に基いたものか又はドイツの理想主義の自由概念によるものであろうかに関しては論争されている。国民軍隊の核心である一般兵役義務は、シャルンホルストの後任者ボイエンによって、軍制の基礎として維持された。例外なしの兵役義務の思想は、決して国民の自覚から生じた自明の所産ではなかった。一八一四年九月三日の兵役法は、わが徴兵令の制定に際して影響を与えている。第一条において、

国民たる男子は二〇才に達したときは、祖国防護の義務に服し、この一般的義務をとくに平時においては、科学及び産業の進歩を害しないように履行せしめるために、その服役及び服役期間を定める

との原則を定めている。軍隊は常備軍、第一回召集の後備軍、第二回召集の後備軍及び国民軍からなり(第二条)、いいかえれば兵役に堪える全男子はこれをすべて常備軍には編入せず、また軍隊の民兵化をもなさなかった。陸軍は戦列兵と後備軍の並列であって、後者に重点が置かれた。この兵役法では、カントン制のような免除及び徴兵制のような代人が認められなかった。この国民軍隊のためには、臣下義務の絶対制的思想並びに市民権の民主的思想も決定的ではなかった。ただ国王によって把握された国民主義のみが認められた。

兵役法では兵力額を定めなかった。[*] 第三条において「常備軍の兵力はその都度の国家関係により定められる」とのみ規定された。財政の困難により兵力は比較的低位に維持された。

* これが後の憲法争議（一八六二―六六年）の重大な原因の一つとなった。

兵役法第七条により「一年志願兵」の制を認めた。これは一般兵役義務における宿命的な侵害であった。一般的、均等的な兵役義務が、教育あり、財産を有する階級への特権の付与によって破られた。これによって軍隊に市民的社会における階級制度が移された。

この兵役法の施行に対し反対をなした者が尠くなかった。ベルリンで反対があったのみならず、ブレスラウでは暴動が生じ、流血の惨事さえもあった。これに加えて貴族及び新旧の僧侶もまたこれに反対した。

後備軍は現役及び予備役からなる戦列軍隊の側において、独立の編制として維持された。後備軍は一八一五年一月二一日の後備軍条例により根本的には、現役終了者であって、予備役終了後三九才まで服役する者を包含した。だが陸軍の僅少の常備兵額は、最初から未入営者を以て後備軍の要員となさなければならなかった。少くとも後備軍の半数は最初未入営で且つかつかつ訓練された者から成立せしめられていた。それによって後備軍の軍事的価値は尠からず妨害された。一八三三年に至り二年現役制が採用され、年々の除隊者を増加し、既教育者が著しく上昇し、後備軍の要員の価値が改善された。

後備軍の将校には、まず第一に一年志願兵出身の将校があてられ、下士官には自由な土地所有者又は軍事教育を受けない者であっても一万タァーレルを所有する者から補充せしめられた。このような後備軍将校団の選択方法は、一年志願兵の特権のように、教育及び財産による特権の承認であり、後備軍はこのように市民的秩序の軍事的模写であって、市民社会における上層階級が、同時に軍事的秩序における上官であらねばならないとするものである。
一八四八年の革命に際し、陸軍の政治的立場はプロイセンが王国として存在するか又は議会政治国家に進展するかにかかっていた。戦列軍は革命及びその後の争議において、国家及び王権の側にあって、後備軍は革命的な力となった。だが一八四八年一一月に頻繁に発生した暴動の鎮圧のためには、後備軍は国王から召集されたが、若干の例外を除きその任務をよく達成した。後備軍は国家と社会の争闘において、革命力の側において行動しないで、全体としてはそのなした国王に対する宣誓に基いてよく国王の命令に従った。この後備軍の態度によってのみ、プロイセン王国は一八四八年の危機を克服することができた。

プロイセン憲法の政府案第一九条は、

> すべてのプロイセン人は兵役義務を有する。この義務の範囲及び態様は法律をもってこれを定める。第五条、第六条、第一五条及び第一六条の規定は、軍事規律規程に抵触しない限り陸軍に適用する。

とあった。議員ワルデックの修正案Charte Waldeckは人民の兵器所有権を規定せんとした。このような権利はすでに述べられたように、イギリスの権利章典並びに北米の諸権利章典利章典（ママ）もしくは宣言又は憲法等中において規定され、この権利思想はフランス革命においても現われた。すなわち第二六条において、

> 各プロイセン人は二〇才以後においては、兵器を携帯する権利を有する。法律はその例外の場合を定める。各兵器を携帯する権利を有するプロイセン人は国家に対し兵役の義務を有する。その例

外は法律の規定に従い身体的不能又は公益の見地からするの外これを認めない。と規定せんとした。欽定憲法第三二条は政府案第四九条を文字通り繰り返したものであり、ただ引用の条文が整理修正されているのみである。修正憲法第三四条においては

すべてのプロイセン人は兵役の義務を有する。

その節囲及び態様は法律をもってこれを定める。

となし、北ドイツ連邦又はドイツ帝国憲法第五七条においては

各ドイツ人男子は兵役の義務を有し且つこの義務の履行に際し代理せしめることはできない。

と規定された。

一八六七年一一月九日の（北ドイツ連邦）兵役法の制定により、兵制の重点が後備軍から常備軍におきかえられた。なおこの法律はドイツ帝国成立後においても引き続き効力を有した。

ドイツ共和国憲法（ワイマール憲法）第一三三条第二項において、兵役義務が次の如く規定されている。

兵役義務はライヒ兵役法の規定に従う。この法律は、どの程度まで個々の基本権が軍隊所属者のため、その任務の達成及び兵員の紀律の保持をなさしむべく制限されるかを定める。

ところがヴェルサイユ条約第一七三条によって一般兵役義務が禁止され、一九二一年の国防法においては、任意応募によって軍隊を編成することに定められた。

第一次世界戦争の前後において、人々は民主的憲法の要求を、一般的且つ均等な兵役義務と一般的且つ均等な選挙権が分離しないで関連しているという理由を以て基礎づけた。だがこのような主張は敗戦によって貫徹されなかった。ワイマール憲法第二二条においてはライヒ議会議員の選挙権を二〇才以上

の男女に対して、一般且つ均等に付与したが、一般兵役義務は遂に実施を見るに至らなかった。

プロイセン王国憲法第三五条は
　陸軍は常備軍及び後備軍の部隊を包含し、戦時に際し国王は法律の定めるところによって、国民軍を召集することができる。

と規定した（一八六七・一一・九、北ドイツ連邦兵役法第二条参照）。

本条はすでに述べられたように、一九世紀初期以来のプロイセン兵制を談るものである。本条はもともと政府案には存在せず、シャルト・ワルデック第二七条及び欽定憲法第三三条を経て成立したものであって、なおこれら二条には民兵に関する規定が包含されていた。

民兵はそれ自身において不明瞭な且つ分裂していた制度であった。一八四八年の運動から生じた国民議会の要求に基いて、一八四八年一〇月一七日の法律によって民兵が組織された。民兵は「人民武装Volksbewaffnung の思想に対して形態を与えたものであり、この法律第一条により、民兵は「立憲的自由及び法律的秩序（人民の自由の違反に対し国権を保護するものというよりも、国権の侵害に対し個人の自由を保護するにあった）を防衛」するとともに、「外敵に対し祖国の防衛に協力」しなければならない。このように突然王軍の側に置かれた民軍の、著しく民主的な性質（右法律第二条により、各地方団体においては一部隊により代表されなければならない）はその指揮者すら選挙する（第四五条）こととした。

政府の憲法案には、民兵に関する規定はなかった。シャルト・ワルデック第二七条、第二九条及び第三〇条等において民兵に関し、右の趣旨の規定を置かんとした。民兵は兵力の一部として、プロイセン陸軍の厳格な君主主義的組織における外来者ともいうべきものであり、民兵としては戦時において使用することができなかった。そして欽定憲法第三三条においては、民兵を以て軍隊の一部となし、第三五条においては、民兵の制度が特別の法律の定むるところによると規定した。一八四八年一〇月一七日の法律は右特別の法律に該当し、その後この法律は一八四九年一〇月二四日の法律により停止された。憲法修正に際し民兵に関する規定は、いずれも削除され、その代わりに第一〇五条の規定が置かれた。これは地方における秩序維持のためにする地方団体民兵に関する規定であった。本条も一八五三年五月二四日の法律により変更を見るに至った。

一八六七年一一月九日の兵役に関する、北ドイツ連邦法律第二条により軍隊は陸軍、海軍及び国民軍からなり、同第三条により「陸軍は常備軍及び後備軍に、海軍は艦隊及び海兵に分たれる」と定められた。なおドイツ帝国憲法第六三条第四項及び一八七四年の帝国軍事法第六条第一項を参照するの要がある。

ビスマルクは自由主義と争闘し且つ反動主義を克服しつつ、第二帝国軍隊の発展の基礎をつくった。一八七一年の帝国憲法は最早軍制に関して沈黙しないで、その地位を数多い細目において書き改めた。これら規定がなされたのにも拘わらず軍制は立憲主義には従属しなかった。第二帝国は連邦的及び立憲的国家であった。各連邦及び帝国議会は原則として重要な政治問題において決定的影響を有した。軍制のためには、この各連邦及び帝国議会の影響を排除し又は少くとも抑制することが思い附かれた。軍制の内部的傾向は連邦的―立憲主義的憲法に反対していた。しかしこの憲法の連邦的―立憲主義的な全関連は、軍隊の地位に対して影響を与えないことはなかった。皇帝が大元帥として連邦的、議会的勢力に対して優越する地位を有することによって、尠からず政治的全構造が修正された。常に軍隊を支配する者が主権者であることを忘れてはならない。

帝国憲法第一一章帝国軍事は、一八六七年四月一七日の北ドイツ連邦憲法及び各連邦間に締結された軍事協約等に基いて立法された。旧ドイツ帝国の陸軍軍制の特徴は、合理的基礎、一般の法律的原則又は専門的見地に基かず、歴史的理由、帝国の成立方法及びその成立当時の軍事の現状等に基いたものであり、従って統一的原則が欠乏していた。これに反して帝国海軍は帝国憲法第九章海軍及び航海において、帝国軍事とは全く別個な、統一的原則の上に立っておった。

第二帝国における陸海軍の構成の細目に関しては、ここに省略し、第一次世界戦争中の一々の経過に関しては、後に譲ることとする（第一一章・戦争の指導・ドイツ参照）。

一九一八年一一月の革命勃発以来ワイマール憲法の制定に至る間の経過に関しても、ここに省略する。革命によって王朝は廃絶に帰し、これがため軍隊の地位は根本的に影響を受けなければならなかった。王侯室との個人的連鎖が絶たれるに至った。これに加え一般兵役義務の廃止及び兵員の減少等が、ヴェルサイユ条約によって強制された。

一九一九年三月六日の一時的国軍の組織に関する法律の要旨は次の如きものである。

大統領は現存陸軍を解散し且つ一時的陸軍（この軍隊は新しく国法によって命ぜられる軍隊が編成されるまで国境を防衛し、政府の命令を効力あらしめ且つ国内における平和及び秩序を維持する）を組織すべく授権される（第一条）。

陸軍は民主主義的基礎の下に存在する志願兵部隊の総括及び志願兵の徴募によって組織されなければならない。すでに存在する民兵及び類似の部隊は、これを国軍に編入することができる。（第二条第一項）。

一時的海軍の組織に関しても、右法律と大同小異の立法（一九一九・四・一六）がなされた。これら両法律は一九二〇年三月三一日の法律によって、国防法 Wehrgesetz の公布まで効力あらしめられた。新規な国法によって命ぜられる軍隊の基礎として、一般兵役義務制が考慮された（ワイマール憲法第一三三条第二項）。それがさきに述べられたように、ヴェルサイユ条約第一七三条によって承認されなかったから、一九二〇年八月二一日の法律の制定を見るに至った。

ワイマール憲法第七九条において、

国の防衛は国（ライヒ）の管掌とし、ドイツ国民の軍制は、特種の地方的特性を顧慮し、国法中により統一的に規定される。

と規定し、第一三三条第二項中において軍隊に属する者の基本権の制限が規定されている。ここに国防法（一九二一・六・一八）の制定を見た。本法に関するヴェルサイユ条約の影響に関してはとくに言及するの必要を認めない。

国防法第一条において、

ドイツ軍隊は陸軍及び海軍から編成され、自由意思による軍人及び軍務に従事しない軍吏 Militärbeamte から組織され且つ補充される。軍隊のすべての従属者はドイツ国籍を有しなければならない。一般兵役義務は国及邦において廃止される。

と規定し、兵制の根本原則を明らかになした。

軍隊（海軍を含む）の編制は、ヴェルサイユ条約の規定するところを、そのまま国防法第二条ないし第七条において規定した。

共和国憲法第一七六条において、軍隊に従属する者も憲法に対して宣誓することを要せしめた。従来軍人は君主に対してのみ宣誓し、憲法に対してなさなかったことに関しては、すでに述べられたところである。

日本

わが国は西欧諸国に比して、単純な軍隊構成を有していた。これは明治維新に際し封建制に基く軍制が廃絶に帰し、新たに西欧的軍制に倣って、軍制が形成され、伝統的なものが残存しなかったことに基いている。

明治維新に際し政府が新たに兵員を徴募するにあたって、どんな国民層からそれを求めたであろうか。もしも「募兵」の制によったならば、これに応ずる者は必ず朝廷方強藩出身の兵士に限られ、東北諸藩の兵士はいうに及ばず、一般人民もこれを回避したであろう。もしもこの方法がとられないならば、全人民について兵員を徴集しなければならない。従って兵員の多くは農民から徴集されることとなるであろう。

もともと農民は本質的には反封建的であるといわれており、これらの者を把握して国民軍隊を編成するにはいくたの困難を克服しなければならなかった。

ここで西欧とくにプロイセン絶対制の下での軍紀の維持方策に関して言及されなければならない。ブランデンブルク・プロイセン軍隊では無条件な軍事命令権の服従を強制すべく次の如き方策がとられた。野蛮な躾によって訓練され、盲目的服従によって拘束され、屈辱的な刑罰によって脅迫され、一言でいえば紀律によってプロイセン軍隊は作られた。

速歩、捧げ銃、分列行進、衛兵勤務、祝砲発射、敬礼規程等が、上長の意思に対して、兵卒を完全に服従せしめる手段であった。不承不承な者又は不適当な者は、笞刑により、反抗者は打擲で罰せられた。現に一七六三年五月一一日の騎兵操典では、

一般の兵卒は総じて敵前よりも、将校の前の方が、恐しくなければならない。

と定められていた。

わが軍隊においてもこれらの影響が認められなかったともいいえないであろう。そしてわが陸軍における軍紀の維持に関して、軍刑法はここに暫くおくも、軍紀に関する規定の重層性を現出せしめていたことに注目されなければならない。

幕末において、すでにオランダの制度を媒介して採用された、西欧傭兵軍隊及び常備軍に行われた「読法」、フランスの刑法に基く服従の定則（軍隊内務書）、ドイツ的な懲罰規程、日本的な軍人訓誡及び軍人訓誡（ママ）の、軍人勅諭等が次々に定められた。これらは単に外国の制度の模倣とのみなし難く、陸軍における軍紀の維持がどんなに困難であったかを示すものと解すべきではなかろうか。現に海軍においてはこのような現象は脱出されなかった。

明治五年一一月二八日全国徴兵の詔が発せられ、同日太政官も告諭を出し、その中において、

世襲坐食ノ士ハ其禄ヲ減シ刀剣ヲ脱スルヲ許シ四民漸ク自由ノ権ヲ得セシメントス是レ上下ヲ平均シ人権ヲ斉一ニスル道ニシテ則チ兵農ヲ合一ニスル基ナリ是ニ於テ士ハ従前ノ士ニ非ス民ハ従前ノ民ニアラス均シク皇国一般ノ民ニシテ国ニ報スルノ道モ固ヨリ其別ナカルヘシ

とあったが、ここに「自由平等」とは、自由・民主主義的に把握されてはおらず、単に形式だけのものに過ぎなかった。これは明治維新の本質的意義から容易に理解することができるであろう。

ここに制定を見るに至った徴兵令においては、常備軍、第一後備軍、第二後備軍及び国民軍が規定され、さきに述べられたプロイセンの兵役法を模倣しているようである。なお常備兵の免役・抽籤を認め、代人料納付を規定し、フランスの兵制を採用している。それ故この徴兵令は、一般兵役義務を規定するものではなく、「徴兵」Conscription 制にすぎなかった。

徴兵令制定に際していくたの反対論を生ぜしめた。板垣退助は、

> わが国の地位と形勢とは全く全欧州大陸と類を異にし、必ずしも彼の大陸諸国に倣つて徴兵の制を用ひて大兵を養ふには及ぶまい。従つて宜しく英米に則つて義勇兵を用ふべし。

との反対論を述べ、また山田顕義もその建白において同様の意見を発表し、その説くところは、スイスの民兵制の影響を受け「輪廓軍隊」Rehmenheer の設置を主張した。

徴兵令の下における指導理念は、「市民・兵」ではなく、むしろ「兵・農民」であった。一般人民が参政権を付与されていないのにも拘わらず、「国民皆兵」の義務に服するのは不可であるとなす者が多数あった。現に明治一〇年六月片岡健吉が総代として提出した（立志社）民選議院開設の建白書中において、

> 徴兵令政体と合はすして軍制立たさるなり夫れ徴兵の制を定め人民に血税を課するを専制の政治之が専制を被らしめたる人民に対して敢て行ふ可きものに非す之を行ふ必ず（ママ）立憲の政体を要すへき也

と述べられている。

山県有朋が後年に至って、

将来憲法政治ヲ行フコトヲ予期シタル当時ニ在リテハ立憲制度施行ノ準備トシテ挙国皆兵主義ノ徴兵令ヲ制定セラレタル寔ニ王政復古ニ伴フ当然ノ要務ナリシナリ蓋シ立憲政治ノ下ニ於テハ挙国斉シク参政権ヲ享有スルニ至ルト共ニ国家保護ノ任務モ亦挙国斉シク之ヲ負担スヘキモノナリ

と述べているのは、かれの絶対制的な性格から見て、奇異の感を生ぜしめるものがある。

徴兵制の実施によって国民軍隊が編成されることになり、納税制度の確立とともに、わが国の機能的統合に貢献するところが尠くなかったということができる。

徴兵令の、その後の一々の変遷に関しては、ここに省略する。明治二二年法律第一号徴兵令においては、兵役義務が人的となされ、本人以外の者の服役が認められず、兵役義務が一般的となされるに至った。その後いくたの小改正を経て、昭和二年法律第四七号兵役法に至り、兵役義務が一般的であるばかりか、均等的な傾向を帯びるに至った。

太平洋戦争における、わが国の敗戦は、ポツダム宣言の無条件の受諾をなさしめ、その第九項により、

日本国軍隊ハ完全ニ武装ヲ解除セラレタル後各自ノ家庭ニ復帰シ平和的且生産的ノ生活ヲ営ムノ機会ヲ得シメラルベシ

と命ぜられた。一九四五年九月二日の降伏文書の調印によりわが軍隊の無条件降伏が布告された。その後所定の手続を経て明治軍隊は完全にその姿を消すに至った。

日本国憲法第二章において戦争の放棄が規定され、陸海空軍その他の戦力を保持しないこととなっている。

第六章　軍隊の最高処理

概　説

自由主義的な法治国においては、軍隊の最高処理は、文権優越の下に文民的に行われている。すでに述べられたように（第四章参照）、軍隊の処理に関しては憲法又は法律を以て詳細に規定されており、行政部において単にその施行をなしているともなし得るであろう。軍隊の最高処理は、当該国の憲法に基き国家の元首の下に内閣によって運用されておるか又はアメリカ連邦におけるように、厳重な三権分立の下に大統領によってなされている。いずれにしても軍隊の最高処理は文民的になされておって、その最終決定からは専門的な軍人が排除されている。

軍隊の指揮（統帥）は国家の元首又は政府の長によって処理される。だが独裁的国家においては、これらの人々はいわゆる「大元帥」Generalissimo であるが、自由・民主主義国家においては、軍隊の長たるにすぎない。アメリカ連邦大統領は総指揮者 Commander-in-Chief であり、フランス第四共和国大統領は軍隊の長 Chef Des Armées たるばかりでなく、全然文民的であって、軍服さえも著用することはない。

イギリス

イギリスは慣習法の国であって、内閣制度の起源及び変遷についても、その研究は容易になされ難いものがある。そしてたとえば陸軍省に関しこれを歴史的に観察するとしても、よく一巻の書籍を要するといわれている。すなわち陸軍省はイギリスの軍事勢力の発展に伴い、僅少な機関から今日の大をなしているからである。

国王は陸海空の三軍の大元帥である。国王が軍隊に対して有する特権は頗る強大で、その軍隊に対する関係も密接である。なおこれらの特権が法律によって制限され得ることに関しては言を要しない。法律的理論に従うと、現在の国王エリザベス二世はヘンリ八世や、チャァレーズ一世と異ることなく、ベージョット Walter Bagehot がかつて述べたが如く、国王は陸軍の兵数(最高額)に関しては法律の制限を受けるけれども、いつでもこれを解除することができ、これは空軍に関しても妥当する。そして海軍の艦船及び軍需品の売却をなすことができ、国王のこのような行為に対する抑制としては、㈠昔からありまた粗暴な「弾劾」及び、㈡近代的であり且つ繊細な「内閣の更迭」があるとなしている。

一六八八年の光栄革命以来政治の中心は、国王から議会に移り、国王は君臨するけれども、統治をなさないようになり、国王により代表された行政部は、徐々且つ確実に議会に服従するに至り、国王は議会又はむしろ総選挙で最多数の議席を得た政党の中から、大臣を選任しなければならないようになり、大臣は議会(下院)に対して責任を負担し、政府の原動力となっている。

国王は一切の国務について、国務大臣の輔弼を受け、軍の統帥に関しても、他の国務と何等の差別を設けず、また軍隊の指揮を親裁することもない。

イギリスの内閣制度は、これまた一に沿革に基き、成文法的には、国王の輔弼及び顧問機関は枢密顧問官である。内閣制度は漸次発達して来たものであって、その起源はこれを的確に知ることができない。内閣は慣行による一般国務に関する責任ある執行機関である。閣僚は上院又は下院の議員であることを要し、枢密顧問官でなければならない。新内閣の組織に際し、内閣に列せしめるといった辞令を交付することなく、従前から枢密顧問官である者はそのまま、そうでない者は新たに同官に任ぜられ、枢密顧問官として宣誓しなければならない。たとえば陸軍大臣に任ぜられると、枢密顧問官でなかった者は宣誓をなし、枢密院の会議に出席し、陸軍省の官印を受ける。

内閣は、(一) 例外の場合を除くの外同一党に属する者から組織され、(二) 各閣員は首相に従属し、(三) 閣員は連帯責任を負担し、(四) 下院に対して責に任ずる。なおイギリスの大臣制度においては、閣員ではない大臣が存することを忘れてはならない。国王は閣議に臨まず、閣議は首相によって統裁されている。首相は国王と内閣の連鎖をなし、国王は閣員の単独の意見を求め又はこれを知ることができない。これをいいかえれば、国王の前には内閣の意見が存在するばかりである。しかしこれがために一大臣が国王に対して直接に交通することを妨げるものでもない。すなわち各大臣は当該省の事務に関する限り、その例外が認められており、事前又は事後にその旨を首相に通告しなければならない。

閣議においては、大凡、(一) 国家の政治方針を定め、内外における時事問題を如何に処理すべきかを決定し、(二) 各省間における事務の調整をなさしめ且つその間における争議を解決し、(三) 議会に法律案を提出することを準備し毎年の予算を審議し、(四) 高級官吏の任命等を管掌し、(五) あわせて政府の対議会策をも決定する。ある省が他省との間に予め充分な協議をなすことなく、出し抜けに政策に関し閣議の決定を得ることを防止すべく、一九二四年以来関係省とくに財務省（財政に関係ある問題に関し）との間において、当該問題を閣議に提出すべく同意したる旨を証するのでなければ、これを閣議に上程してはならないという原則が定められている。

大臣責任は本来個人的及び各省的であった。すでに一七一一年に至り上院において、大臣の連帯責任が承認されたが、一七八二年に至って、この種の責任が確立せしめられるに至った。なお大臣弾劾は一八〇五年以来行われたことはない。

ここで帝国国防委員会 Committee of Imperial Defence に関して述べられなければならない。この委員会は一九〇四年五月に設置され、一八九五年にロード・ソゥルズベルリ Lord Salisbury によってもともと設置された国防委員会の再編である。帝国国防委員会の議長は通例首相であって、委員会は通例軍事問題に直接関係を有する大臣及び陸海軍の参謀総長及び軍令部長を包含した。細目に渉る業務は小委員会に付託され、本委員会は政策の大綱を定め、また情報の交換をなし、もしも必要があれば異議の裁定をなした。この委員会は顧問的であって、その決定には閣議を要し、執行は各省の管掌であった。戦争の性格が全体的となるに従い、小委員会は人力及び産業を把握するように拡大された。一九三九年初頭における、内国活動のこの方面の組織は、次のようなものであった。内閣の下に帝国国防委員会がおかれ、戦略及び計画小委員会（複数）、戦争のための組織小委員会（複数）、人力小委員会（複数）、補給小委員会（複数）及び諸（研究及び実験を含む）小委員会（複数）から成立した。

小委員会は群に組織され、各群の権限は種々の常設及び特別小委員会を包含した。「戦略及び計画群」

においては、三軍の参謀総長小委員会が最も重要であり、首相がその議長（常には統裁しなかった）となり、時にまた国防調整大臣がこれに加わった。参謀総長小委員会は更に統合計画を管掌する一つの最も重要な小委員会を有した。「戦争のためにする組織群」は、従来からの海外防衛小委員会及び二つの新規に設置された民間防衛小委員会を包含した。「補給群」に包含された主要な小委員会（複数）は、主要補給官吏委員会、食糧補給委員会及び油委員会であった。

一九三九年九月の開戦に際しての国防委員会に関しては、第一一章・戦争指導・イギリスに譲り、一九四五年八月以後においては、アトリー内閣において戦争中の機構が殆んど一年ばかり継続せしめられ、一九四六年一〇月に至り、独立の国防大臣が任命された。ここに設置された国防中央組織は次の如きものである。

(一) 首相は国防に関する最高の責任を保持する。

(二) 首相を以て議長とする、防衛委員会 Defence Committee がもとの帝国国防委員会の職責をとり、現在の戦略の審査並びに戦争準備のための各省行動の調整に関し内閣に対して責に任ずる。

(三) 省を以てする国防大臣が新規に設置される。国防大臣は陸海空の三軍及びその補給に関する、以下に定められる、一定の事項に関し議会に対して責に任ずる。なお同大臣は防衛委員会の代理議長なり、大臣又は三軍の参謀総長の希望により三軍の参謀総長との会同を統裁する。

(四) 三軍の参謀総長は委員会は戦略的評価及び軍事的計画を準備し且つ防衛委員会に対してそれらを提出することに関し引き続き責に任ずる。統合参謀本部制度が保持され且つかれらの指導の下に発展せしめられる。

㈤三軍大臣は引き続き、内閣によって承認された一般政策に従い且つかれらに割当てられた資源の範囲内において、それぞれの軍の行政に関して議会に対して責に任ずる。

国防大臣は超各省大臣の如き地位を有し、その職責は次の如きものである。

㈠防衛委員会によって決定された戦略的政策に従い三軍間に、間に合う資源の大綱的な割当。これは研究及び発展を支配する一般政策の設定及び生産計画の関連を包含する。

㈡三軍に関する共通の政策が願わしい一般行政の問題の決定。

㈢連合作戦本部及び統合情報局のような三軍間の組織の行政。

国防大臣の設置に際し、その部下職員は多数であってはならないとされた。それによると、大臣は主要な助言者として恒久的事務官、一人の参謀将校、統合戦時生産職員の議長及び防衛研究政策委員会の委員長を有する。大臣は一部文事的、一部軍事的な、比較的少許の職員によって補助される。これら職員は右の外大臣が主として行動する委員会（複数）及び統合参謀本部に関する事務局を構成する。この職員中文事的職員は通例な方法によって文事部門 Civil Service 中から選ばれる。軍事的職員は内閣事務局における軍人職員の如く三軍から採用される。

防衛の供給問題に関しては、国防大臣を以て議長とする、三軍大臣、供給大臣及び労働大臣から組織される生産（省）委員会が存在する。この委員会のために行動する、関係三軍省及び文事省の官吏及び将校から構成される、統合戦時生産職員 Staff が存在している。

一九五一年五月一日に政府は戦時のイギリス本土防衛の最高の責任者として、イギリス本国の陸、海、空の三軍司令官会議を新規に設置した。

アトリー内閣の下においては、一九四六年一〇月までは、首相が国防大臣を兼ねていた。その後においては別に国防大臣が任命され、その大臣に限って内閣に列し、他の陸、海及び空の三軍大臣は、いずれも内閣には列してはいない。すなわち閣外大臣としての地位のみを有している。

イギリス陸軍のコントロールは、陸軍会議（わが国では通例軍事参議院といわれていた）Army Councilに属している。陸軍会議はその名称が示すが如く合議制の軍令軍政官庁である。陸軍大臣がこの会議の議長であって、陸軍会議のすべての事務に関して、国王及び議会に対して責に任じている。

陸軍会議の軍人議員は、参謀総長、軍務局長 Adjutant-General To the Forces、参謀次長及び参謀総長代理からなり、文官議員は政務次官及び事務次官からなっている。参謀総長は参謀次長を通じ軍事作戦、訓練及び情報、参謀総長代理を通じて戦時組織、装備及び兵器政策を処理する。軍務局長は陸軍の徴募、編制、人事及び復員計画を処理する。

海軍は陸空軍とは異って一年限りではなく、永久的施設であって、海軍会議 Board of Admiralty によって管掌されている。海軍大臣がこの会議の議長であって、他の十人の議員から構成されている。その一々に関してはここに省略する。

空軍は空軍会議 Air Council によって処理され、空軍大臣がこの会議の議長となっている。この会議は七人の恒久議員及び三人の追加議員から構成されている。

陸、海及び空の三軍省はそれぞれの会議の議員の下にある部局から成立している。それぞれの軍会議は軍事政策のすべての問題及びそれぞれの省における一局以上に渉る、すべての重要な問題を決定し、その決定があったときには、その決定は有効に存続する。各議員がそれぞれの会議の決議に対して不同意であるときには、辞職するか又はそれに同意してその責任を負担しなければならない。各部局の長としての事務としては、それぞれの軍の会議の決議によりて課せられた行動をとり、数部局に関係し、権威ある決定をあおがなければならない重要な問題は、これを会議の議に附し、その他決議を要しない事項に関しては、自らこれを決裁する。

アメリカ連邦

連邦憲法第二条第一節により大統領は行政権を付与され、同第二節により連邦陸海（空）軍並びに連邦の勤務に召集された民兵の総指揮者である。そして上院の助言及び承認を以て文武官を任命する。議会は下級公務員（たとえば陸軍にあっては下士官）の任命権を大統領又は各省長官に委任することができる。

議会は宣戦し、軍隊を維持し、軍事諸規則を発する。大統領は憲法第二条第三節により法律が誠実に執行されるかを監視しなければならない。大統領はこの任務に対しては、行政権の一部の権限としてあたり、総指揮者としてではなさない。大統領は総指揮者としては、別個且つ独立の権限を有し、その行使に対しては議会のコントロール又は指揮をうけない。

連邦の兵力は、平時においては、㈠憲法第四条第四節により各州が請求したときに、叛乱を鎮定する場合、㈡連邦の法律の執行が通常の手段でなすことができない場合において使用され、大統領はこれらの目的のために、連邦軍隊を使用することができるばかりか、民兵を召集することができる。戦時にあっては、大統領の権限が頗る広大となり、国際法を遵守し、戦争手段をとり、占領地行政を行い、少くとも理論上においては自ら作戦を計画し、封鎖及び合囲を行い、進軍を命じ、戦闘を指揮することができる。そこで大統領は「憲法的」Constitutional 総指揮者といわれている。

連邦憲法においては、大統領の輔弼機関として西欧におけるがような大臣及び内閣制を認めない。すなわち上院の外に会議の制なく、大統領は上院の助言及び承認を以て条約を締結し、文武官を任命し、憲法第二条によって、行政各部の主たる官吏から、各自の職務に関する問題について、書面による意見を求めることができる。憲法は行政各部の主たる官吏を集合せしめるように規定していないばかりか、一般政策に関してその意見を求めることさえも要求していない。特別問題に関する記述的意見は、その提出に際して一層注意を深からしめ、且つ責任を明らかにすることができるとなしたのによっている。憲法起草者の意見によると、大統領は親しく上院と協議し且つ文書により行政各部の主たる官吏から意見を徴することになっていた。

行政各部の主たる官吏・各省長官は、諸国の大臣とは異り、単に大統領の下僚、補助者にすぎない。これら長官はとくに憲法上の権利を有しないが、執行官吏であって且つ大統領の輔弼者である。その後の発展を見ると、憲法制定者の所期に反し、いわゆる「内閣」Cabinet を生ぜしめた。第一次大統領ワシントンは、その就任の当時においては、書面によって行政各部の主たる官吏の意見を徴していたが、後にはこれらの者を会議に召集したから、内閣の創造者ともいわれている。この内閣員という名称は、最高且つ大統領に直属する行政官吏の総称となり、遂には法律的用語ともなった。しかしこの閣議決定は、大統領に対して決定的な効力を有することなく、従って大統領においては必ずしもこれによるの要はない。すなわち大統領は単独にすべての行政上の行為に関し、憲法上責任を負担する者であるからである。

大統領はすでに述べられたように、国家の「保障」Security に関して明確な憲法的責任を有している。大統領はこの職務の遂行のために、恒久的及び臨時的な行政機構を有する。国防省は国防の軍事的見地のために専門化されている。国務省は外交の発展、それが執行される外交及び宣伝手段に関して責に任ずる。経済協力局（ECA）は国防の経済的手段に関して重大な責任を負担する。原子力委員会、財務省、農務省、その他経済事項に干与する各省及び機構を包含する。多くの機構が重要な役割を演ずる。

大統領は行政部門を統合する任務を補助すべく、側近の助言者（とくに閣員）及び幕僚 Staff 機構（とくに予算局、経済顧問会議、国家保障会議及び国防資源会議）に依存する。最後にかかげられた二者は重要なものであり、一九四七年に設置された。

一九四七年（一九四九年に一部修正）の国家保障法 National Security Act が、国防省を設置した。統合参謀本部議長が、大統領、国防長官、連邦国防会議に対する、重要な軍事助言者として任命された。軍隊政策会議 Armed Forces Policy Commission が、広汎な軍隊政策事項に関して、国防長官に助言する。軍需会議は軍需品の獲得及び産業動員の軍事状態を処理すべきであり、調査及び発展会議は科学的調査を処理すべきである。なおこの外に、陸海空の三軍省が設置されている。

国家保障会議 National Security Council は、一九四七年の国家保障法（その後一九四九年の同法修正法律参照――50 U. S. C. 402 et seq.）によって設置されている。

大統領がこの会議の集会を統裁し、その不在に際しては、大統領がその代理者を指名する。

この会議の職責は、国家保障に関する国内、外交及び軍事政策の統合に関して、陸海空の三軍及び政府のその他の者及び機構をもっと有効に国家保障が包含される事項に協力せしむべく、大統領に対して助言を与えることに存する。

会議の構成員は、㈠大統領、㈡副大統領、㈢国務長官、㈣国防長官、㈤国家保障資源会議の議長、並びに、㈥大統領の求めにより、上院の助言及び承認を以て大統領により任命される軍部省及びその他の各省の長官及び次官、軍需会議議長並びに調査及び発展会議の議長からなる。

この会議は国家保障に関し政府の各省及び機構の政策及び職責をもっと有効に調整する目的を以て、大統領が命ずるところの、その他の職責の遂行に加えて、大統領の指揮に従い次の事項を処理しなければならない。

㈠大統領に対して報告をなす目的を以て、国防のために現実及び可動の軍事力に関し連邦の目標、遂行及び危険を算定且つ評価すること。

㈡国家保障と関係ある政府の各省及び機構の共通の利害関係事項に関する政策を考究し且つこれに関連して、大統領に対して勧告をなすこと。

会議は、時々、その適当と認め又は大統領が要求する勧告及び報告を大統領に対してなさなければならない。

なおこの会議には強力な中央情報機構が附置されている。

国防省は一九四七年七月二六日*の国家保障法によって設置されている（5 U.S.C. 171 et seq.）。その設置に至る一々の経過に関してはここに省略する。

＊　正確にいうと一九四九年八月一〇日の法律により設置。

国防省は政府部内の一執行部省として設置され、国防長官を以てその長官とする。国防省の内に陸、海、空の三軍省が設置され、これら三省は一九四九年八月一〇日以後執行部省としての従前の地位の代わりに、軍事部局 Military Departments となっている。

国防長官は上院の助言及び承認を以て、大統領により文民の中から任命されなければならない。過去一〇年間に陸海空軍の正規部隊における現役将校として服務した者は国防長官たることを得ない。*

＊　国防長官マーシャルの任命に際しては例外法が制定された。

陸海空三軍省は別個に国防長官の指揮、権威及びコントロールの下にそれぞれの長官によって運用される。

国防長官は陸海空の三軍省を包含する省の長官であるばかりでなく、軍隊政策会議、統合参謀本部、軍需会議並びに調査及び発展会議を統轄する。

国防省は陸軍、海軍（海軍航空及び連邦海兵隊を含む）及び空軍の運営及び行政に関する三軍務省の文事的コントロール下における、権威ある調整及び統一された指導を用意する。

国防省は軍隊の有効な戦略的指導、その統一されたコントロールの下における、作戦及び陸海空の三軍を有効な「ちーむ」（ママ）に統合することを用意する。

統合参謀本部 Joint Chiefs of Staff は、一九四七年七月二六日以来、設置されている（5 U.S.C. 171 f）。

国防省内に統合参謀本部が設置され、同本部は、議長であり、しかも投票権を有しない者、陸海空の三軍の参謀本部長から構成される。同本部は大統領、連邦保障会議及び国防長官の主たる軍事的輔弼者であらねばならない。

統合参謀本部は、大統領及び国防長官の権威及び指揮に基き、大統領又は国防長官が命ずる他の職務に加えて、次の職務を行わなければならない。

(一)戦略的計画の準備及び軍隊の戦略的指揮の規定

(二)かかる計画に従い共同的な兵站（軍隊の移動及び宿営）計画の準備並びに軍隊に対して兵站の責任の割当

(三)戦略的地域における統合司令権の設置

(四)戦略的並びに兵站計画に従い軍隊の主要な資材及び人その要求の審査

(五)軍隊の共同訓練のための政策の公式化

(六)軍隊の構成員の軍事教育を調整するための政策の公式化

(七)国際連合憲章の規定に従い国際連合の軍事幕僚委員会におけるアメリカ連邦代表の準備

統合参謀本部議長は統合参謀本部又は陸海空の三軍のいずれへも軍事命令権を行使してはならない。

軍の統帥系統は大統領を以て連邦全軍の総指揮者としてその最頂点にあらしめ、この大統領の下に国防長官、陸海空の三軍長官が存する。ここにも文権優越が明確に出現せしめられている。

議長はさきにかかげた職責の遂行に際し統合参謀本部の一員として参加するの外、大統領及び国防長官の権威及び指揮に従い、次の職務を履行しなければならない。

㈠ 統合参謀本部の統裁官として勤務する。
㈡ 統合参謀本部の業務をなし得る限り迅速に遂行するため、統合参謀本部の議事日程を定め且つ統合参謀本部を援助する。
㈢ 統合参謀本部において意見の一致を見ることができない争点を、国防長官及び大統領又は国防長官によって決定されることを適当とするときには大統領に通告する。

陸軍、海軍及び空軍の三省に関しては、すでに三軍に関して述べられているから、ここには一々に関して述べることを省略する。

これを要するに、国防長官は国防に関して重要な地位における。大統領及び国家保障会議同僚たちは、その報告及び判断に厳粛に依存する。しかし国防長官の計画及び運営は、最高権限を有する文事職員を通じて精査されなければならない。かくなされたのでなければ有効とはなり得ない。文事職員が政策が公式化される各水準において必要とされる。これら職員は純文事的指揮系統によって国防長官に連絡されなければならない。これら文事的職員は単に助言的な職責のみを有し、国防省の計画及び予算部局の部分を構成する。

国防省のあらゆる、利用し得る精力をその特殊の職責に集中するために、軍隊を関係がない文事的職責から解放し且つこの種の行動が、重責を負担することを欲しない文事官憲によって軍隊に押しつけられることを防止することが重要である。そこにもまた文権優越という原則の問題が包含されている。国防省の計画機構、予算局、終局的には大統領が、軍隊の能率及びアメリカ政府の基礎的構造の完全さを保護するものとなされている。

フランス

フランスにおいては、軍隊の最高処理に関して、一七八九年以来いくたの変遷を見た。その一々に関してここに述べることが許されない。

一七八九年一〇月一日—一一月三日の公権根本法第一六条により、執行権は国王に属し、国王は公力を指揮し且つ使用することができた。第三条により国王の世襲制度等を規定し、この制は、㈠国王が不可侵なること、及び、㈡国王が軍隊を親しく指揮する場合を除き、責任大臣を経、且つその副署の下にするのでなければ、命令を発することができないとの結果を生じさせた。第一八条により大臣及び官吏の責任を規定し、上長の命令は下級者を庇護しない旨等を明らかになしている。

一七九〇年二月二八日—三月二一日の陸軍根本法によって、右の主義が更に明瞭ならしめられ、第一条により国王は軍隊の大元帥 Chef Suprême であるとし、国王はその欲するとき、軍隊を親しく指揮し、いずれの大臣の仲介をも要しないとなしている。前にかかげられた公権根本法第一八条の規定は軍隊に対しては適用されなかった。軍隊は受動的な服従が要求され、上長の命令を論議することが許されず、従って下級者を庇護するの必要があるからである。この原則は海軍についても適用された。* しかし立法権は軍隊に関し強大な権能を有し、軍事官憲は文事官憲に従属し、軍隊の使用に関しても重大な制限が存在していた。

＊　この原則はわが陸軍にも適用されていた。

一七九一年の憲法においては、これらの規定が統合されている。

一七九三年の憲法は施行されなかった。公力は外敵に対しては執行会議の命令の下に行動するも、国内における秩序の維持及び平和のためには、当該文事官憲の文書の形式による請求に基いてのみ行動することができる。大元帥 Généralissime の設置は禁止され、総司令官の任命は立法部によってなされる。

共和歴三年の憲法においては、第一四四条によって、執行官は軍隊を処理 Disposer することはできるが、これを指揮することができないと規定されている。この規定は後に来るフランス諸官憲に対して影響を与えているばかりでなく、統帥権の制限をなし、且つ統帥権の概念を明瞭ならしめることに役立っている。

その後の変遷に関しては、暫くここにおき、王政復古に際しルイ一八世によって欽定されたシャルトにおいては、憲法により国王の統帥権の親裁が禁止されていないから、その明文が関する限りにおいては、国王は大臣の仲介がなくとも統帥権を親裁することができると解される。

このシャルトの下に政治の実際が、憲法の根本原則にも拘わらず議会政治となったことに注目されなければならない。その主要な原因として、㈠イギリスの制度の影響、㈡ルイ一八世（次王シャール一〇世はこれに反し君主神権説を復活しようとし、遂にその退位を見た）の人格、並びに、㈢政党及び議会の態度等があげられる。なお次いで制定されるに至った、一八三〇年の修正シャルトの下において、議会政治が確立を見るに至った。

一八四八年二月革命の後制定された同年の憲法においては、人民主権の主義に則り、大統領の権限が著しく制限されており、その軍隊の処理権は認められるも統帥権の親裁をなさしめない（第五〇条）。

ナポレオン三世の没落後制定されるに至った第三共和国の憲法制度の下においては、一八七五年二月二五日の憲法法律中第三条中において「大統領は軍隊を処理する」とのみ規定し、いくたの先例におけるが如く「統帥することなく」が附加されず、ここに憲法上いくたの機会において論議を生ぜしめた。大統領の統帥権に対してこのような制限を加えたのは、民主主義的憲法の伝統を主張せんとしたのとともに、当時起ったナポレオン三世の敗北の教訓に基いている。すなわち一八五二年一月の憲法第五条には「大統領は陸海軍を統帥する」とあって、この規定が一八七〇年の戦争の敗戦の最初の胚種をなすと なす者があった。

第四共和国憲法（一九四六・一〇・二七）においては、大統領の地位は弱体化され、第三三条において、

共和国大統領は前条の職責とともに、国防最高会議及び同委員会を統裁し且つ軍隊の長 Chef Des Armées の称号をとる。

と規定し、更に第四七条第三項において、

（大臣）会議の議長は軍隊の指揮 direction を確保し且つ国防の運用を調整する。

と規定されている。

大統領は「軍隊の長」という称号を有する。これは名誉的な称号であって、これは軍事において、文事領域においてその有する上席権を確認する（一九〇七年六月一六日の統令参照）。この上席権は、とりわけ大観兵式（大きな儀式）の統裁、兵営又は野外における大部隊の訪問権、これらに対し宣言をなす権利等を包含する。

とりわけ国防最高会議及び同委員会の統裁は、大臣会議の統裁権と同様であって、大統領に対し、国家の保障を確保すべく向けられた措置の採用及び維持を図ることを許容する。

国防高等会議（一九四七・五・三一及び一九四七・八・一八の統令）により常任議員として、大臣会議議長、同副議長及び主要大臣、国防及び三軍の参謀総長及び検閲総監等を包含する。他省大臣は利害を有する問題に関して会議に召集される。三軍の各の二将官及び原子力委員会を代表する一委員が一年を任期として任命される。

大統領は国防高等会議の議長の資格で、その権限によって示されたすべての人をこれに召集することができる。大統領は検討されなければならないと思われる国防問題を会議の議に付する。更に会議はフランス連合の防衛の一般組織及びこれに関する法律案、産業施設の全計画並びに神学的研究及び軍需の計画に関して諮詢されなければならない。

大臣会議議長（政治的にいえば内閣議長）は、軍隊の指揮において、第三共和国の大統領を継承している。憲法に規定されている軍隊 Forces Armées とはジロー Giraud 将軍の修正により、「軍事公力」Force Publique Militaire しか包含しない。すなわち軍事公力とは陸海空軍、植民地軍及び共和国護衛軍である。文事公力（一般及び地方警察職員）は、法律の執行を確保する任務を付与する一般規定に基いて、内閣議長のみに属する。

内閣議長は、その直接の命令の下に合法性を評価することなく（一九七一年憲法*第四編第一二条）与えられる訓令を執行しなければならない軍事命令権を有する。内閣議長は作戦地域及び占領地帯、並びにその命令の下にある軍隊の使用に関する軍事計画に関する最高指揮権を有する。内閣議長は国防参謀本部長の仲介によってこれら軍隊と交通する。

＊「公力は本質的に従順であり、武装団体は決して評議することができない」と規定されており、英米法とは重大な差異を生ぜしめるばかりでなく、わが国への影響があった。

内閣議長は国防の運用を調整し、その計画及び軍隊の配備を命じ、軍隊の一般的組織を決定し、種々の予算に計上される、必要な経費の要求を定め、兵員及び資材の配分の原則を仮定し、兵器及び装備並びに産業動員の計画を設定し、調査を命じ、陸海空三軍に共通する問題及び国防の一般組織に関する文書についての研究を準備する。

内閣議長は国防高等会議の当然の副議長であり、将官任命の辞令に副署し、上長官及び士官の任命の辞令に署名する。

ここでも国防省が設置され、国防大臣を以てその長とし、陸海空の三軍省にはそれぞれ国務次官が置かれている。

プロイセン・ドイツ

プロイセン国王ウィルヘルム一世は陸軍の統帥権、ドイツ皇帝ウィルヘルム二世は海軍の統帥権の強化に努力した。国王（皇帝）は軍隊の大元帥であった。軍隊が国王に対してのみ宣誓をなすことによってその従属者となり、軍人の紀律及び名誉に関しては、国王はその統帥権に基いて陸軍大臣の副署なくして処理をなした。しかし国王は同時に立憲的君主であった。国王は立憲制度により承認された原則に基き無責任であり且つその命令が拘束力を有するがためには常に一人の大臣の副署を必要とし、大臣はそれによって責任を負担した。国家における二重の構造は国家における政治的指導者の統一を欠かざるを得なかった。

プロイセンの絶対制時代においては、政治及び軍事の両秩序は完全な一致を見ておった。国王の権力が一八四八年の革命及びその後の憲法争議とともに政治的及び政党的な闘争の問題となったときにおいて、始めて軍事的指導が危くされ且つ軍制においても崩壊の胞芽が生じ始めた。とくにその後陸軍大臣は益々議会との論争に出会するようになると、国王は陸軍大臣に対して統帥権の代表を最早委任することができないと信じた。

一八四八—五〇年の憲法制定に際して、陸軍大臣は憲法上重大な変更を受け、国王の政務行為について副署をなす権利と義務を有するに至り、それによって責任を負担しなければならないようになった。陸軍大臣は官制上何等の規定は存在しなかったが、現役将官から任ぜられ、軍団長の階級を有した。

プロイセン陸軍大臣の地位は、プロイセン、北ドイツ連邦又はドイツ帝国において、全く不明瞭であった。このような関係は統帥権の独立の維持に関してあずかって効があったといわれている。

プロイセンでは同憲法に基いて、陸軍大臣はすべての事項に関し責任を負担し、大元帥のすべての命令について副署をなした。しかしウィルヘルム一世の下では、陸軍大臣の責任的地位が狭められ、統帥事項は漸次軍事内局（正確にいえば陸軍内局 Militärkabinett）によって処理され、同事項における陸軍大臣の副署は、一部分においては除去され、他の部分においては書類として保存する副本に追加的に副署することになった。北ドイツ連邦の成立により、連邦陸軍となり、絶対的連邦大元帥が生ぜしめられた

(憲法第六三条)が、その際連邦陸軍省は設置されなかった。連邦大元帥の軍事命令機関は軍事内局であった。帝国成立後ビスマルクは、一八七一年にプロイセン陸軍大臣が同時に帝国陸軍大臣のような地位を占めることに同意した。宰相と陸軍大臣との憲法的関係は必ずしも明確ではなく、現に陸軍大臣ファルケンハインは、一九一三年一二月に、「プロイセン陸軍大臣は同国国会に対しては責に任じない。国会は軍事問題に関しては干与しない」と述べ、その帝国議会及び連邦参議院に対する関係に関して言明しなかった。

陸軍大臣に隷属せず、国王(皇帝)に対し陸軍大臣から独立し且つ直に上奏することができる官庁でも、議会及び文事官庁に対して意見を発表することができず、それがためには陸軍大臣の仲介を要した。参謀本部又は軍事内局等は、その固有な狭小な職務に関しない限り、陸軍大臣の仲介によるか又は少くとも同時にその軍を同大臣に送付することによってのみ、他の官庁との公信の交換をなす義務を有した。とくに重要な提議——軍隊の統制の変更又は軍備拡張等に関しては、帝国議会の同意を要するから、陸軍省に対する提議としてなされなければならない。

陸軍の平時兵額は帝国憲法第六〇条により帝国法律により定められた。帝国議会は年々兵額を確定し、これによって全国防政策を、年々繰り返される徹底的な監督の下におくようにする機会を全然求めなかった。

国王が軍事を親裁するにあたって、二つの異った組織法が存している。その一は、国王が親しく軍隊を指揮するために、大元帥であるのみならず、「戦帥」Feldherr であるものである。二は軍令輔翼機関を設置するものである。陸軍省の外に国王に対し直轄し且つ直接上奏をなすことができる軍令機関を置き、陸軍大臣の指揮監督を受けることなく、直接上奏を認めんとするものである。これには参謀本部及び軍事内局が該当する。これらの制度は一九世紀中に漸次事務的に発達し、遂に法律的に承認されるに至った。

ここにも軍人と市民・プロイセン軍人国家と市民的法治国の対立が明白に現われている。直轄機関である統帥機関は、プロイセン的―軍人的型の制度であって、これら地位の保持者たちは、自由主義的な意味における、「国法的責任」をとらない人々であった。これらの者は国王の信任により補職せられ、軍隊の指揮者としての資格で、国王に対して親しく責に任じた。しかしこれらの者の外に、陸軍大臣（帝国にあっては、海軍長官）は、市民的法治国の組織の指導者として存在し、議会に対して「責任」を負担した。ここにプロイセン軍人・官僚国家と市民的法治国の妥協を明瞭に保持する地位が設けられ、これら地位の保持者は、二つの世界の中間に必然的に存在した。

軍事内局及び参謀本部に関して述べることは、興味あることではあるが、ここでは省略する。

ドイツ皇帝は海軍（憲法第五三条）及び陸軍（第六三条）の統帥権を有した。皇帝は統帥権を何等の制限なく行使することはできなかった。

帝国議会は予算法の制定によって、軍事予算を自己に服従させたばかりでなく、遥かにこれを超脱して法律の制定によって全軍事制度を拘束した。法律によって規定された五の部門は、次の如きものである。

(一) 兵役義務の範囲、(二) 軍事組織の輪廓、(三) 刑法及び懲罰権並びに軍法会議、(四) 俸給及び給与並びに、(五) 人民の軍事負担これらの事項に関して何故に法律の規定を要したであろうか。その理由は極めて明白である。予算法に関係あるもの、人身の自由及び財産に関係あるもの。一般刑法及び刑事訴訟法に対する軍人の特別的地位である。立憲主義的法律概念に基いて、この種類の範囲においては、議会は法律的規制への要求を貫徹することができた。

これら広範囲に渉る軍事立法の範囲内及びその側において、統帥権の保持者である皇帝は、固有の法規制定権を有したであろうか。大元帥の命令権は二重に建設された。(一)法律の委任によるもの、及び、(二)統帥権に基く独立の命令権、がそれらである。

ここに委任命令に関しては言及するの必要を認めない。大元帥の独立的命令権としては、すべての固有の統帥事項(軍隊教育、内務、紀律等)があげられ、議会の立法権が排除された。大元帥は統帥権に基いて独立して立法権を行使し、大臣副署を要求せず、また議会に対する責任をも存在させなかった。

終りに軍令機関と皇帝親裁の分離に関して言及することとする。第二帝国においては、軍事指導の単一性が著しく破壊された。陸軍省の外に参謀本部及び(陸軍)軍事内局、帝国海軍省の外に海軍軍令部及び海軍省の内局が設置され、その他多くの直隷機関が存在した。これには二つの理由が存在した。一には皇帝は帝国議会に対して統帥権の決定的保全をなさんとした。陸軍大臣及び海軍長官は勿論統帥行為に関しては責に任じなかった。二にはこれらの者は必要に応じ帝国議会と密接且つ継続的な接触を有し、議会的勢力によって法律的には定義することができず、また事実的には定め難い度合において、影響を受けざるを得なかった。前進的な議会政治化に対して統帥部を防護するために、陸軍省は一八八三(明治一六)年、海軍省は一八八九(明治二二)年に統帥部から脱せしめられ、純然たる行政官庁となった。*

* わが国においては議会が存在しなかったにも拘わらず明治一一（一八七八）年に参謀本部が陸軍省から分離独立せしめられた。ここにわが統帥制度の特異性が見出される。

第二帝国における単一的な軍事的指導の解消は、重要な憲法政治的教訓を包含している。政府の秩序に対する、政治的攻撃の奏効が、直接に攻撃目標において現われることを要しないで、攻撃者が目にとめず且つ防衛者がその危険を認めなかった他の場所においてのみ、現われた。既存の軍制に対しての議会的攻撃者は軍事的指導の統一を解消し且つこの方法で軍制を動揺させようとする意図を有しなかった。これに反して自由主義反対者は統帥及び行政両事項の分離、軍事内局の独立化及び陸軍省の、その他の権限の縮少に関して活潑な批評をなした。議会的攻撃に対して用いられた防衛方策が軍制における隠匿された動揺をひきおこし、その破壊された結果は、議会的勢力の直接の突破より尠からず破壊的であった。攻撃に際し、防衛する秩序自身を、その構造の他の場所において弱め、そこから逆に崩壊が生ずるような方策をとることが余議なくされた。

参謀本部及び（陸軍）軍事内局の陸軍省からの解放及び海軍における官職の分離のためになした、議会政治的傾向に対し必要となった陸軍省及び帝国海軍省に対する不信は、単独に決定的ではなかった。その側に第二の、尠からず根本的な考慮が作用した。議会的影響に親しみやすい陸軍省に対する恐怖が、（陸軍）軍事内局の独立化に関するよりも深遠であり得なかったことは、プロイセン憲法争議に際し陸軍大臣の優越に対し軍事内局長の事実的解放があったことから、すでに説明された。陸軍及び海軍における官職分離の原因は、押し迫る議会政治に対する防衛方策としてなされる、単なる必要以上に深遠なものであった。

軍事内局の優越に対し最後に決定的であった理由は、プロイセン王朝の本質から生じた。一七及び一八両世紀の同王朝は国王の親裁によって支持された。それにも拘わらず軍人及び官僚がその真の服務作用から超脱して、独立的意義を有するに至った。内局 Kabinett 制度は国王の親裁を単に不充分にしか確保することができなかった。一九世紀においては大臣政治の存在及び国家組織の専門化が始まり、それに応じて国王の親裁、とくに王権の個人的活動及び重要さが後退した。この状態においては国王たちは国家の制度化を抑制し且つ自己の意思及び親裁に対して各省を防止することを企図した。それ故陸軍省から軍隊に対する命令権が奪われ且つ海軍の高等司令部が解放され、参謀本部が陸軍省に対して独立せしめられ且つ陸海軍の軍事内局においてなんらの権利及び管掌制度が存在しない、信任された少数の幕僚が設置された。

階級の同等な陸海軍の官職の多数に、軍事権力が配分されることによって、議会政治主義の遠隔作用が、まず第一に生じた。そしてここに統帥権が議会の権力要求に対して防衛された。皇帝の親裁が中央且つ包括的権限を以てする官庁の大組織による専門化に対し守られることが右と同様に必要であった。王権は議会政治化に対してのみならず、軍事権の官僚政治化に対しても争闘した。君主は絶対制の下におけるが如く、立憲君主制の下においても、君主自身が包括的権限を以てする軍事的管掌を自ら負担することがないのにも拘わらず、統帥権の直接の保持者であると信じていた。強い君主はその軍事権を含括的権限を以てする官職に統合することによって、いよいよ強固となる。これに反して弱い君主は軍事権を同等の最高管掌の多数に配分することによっていよいよ弱くなる。ウィルヘルム一世は戦時においても種々の軍事官職の対立を抑制することができた。ウィルヘルム二世はすでに平時においても装飾的意味における陸海軍の大元帥であり、戦争に際しては自身の決定権及び責任から後退した。

ワイマール憲法における統帥権に関する規定は、次の如くして審議された。一九一九年四月八日憲法制定議会において、政府当局は憲法第四草案第六五条（確定条文第四七条）に関して次の如く説明している。

従来の経過並びに世界大戦の経験に徴すると、国家の政治的及び軍事的統轄は、これが一手に掌握されなければならない。大統領は政治の最高統轄権を有するとともに、軍事統轄の最終決定権を有さなければならない。本条は右の趣旨を表明するものである。この観念は大統領自らが軍隊を指揮しなければならないことを意味するものではない。軍隊指揮の実行は軍人に対して委任さるべきものである。大統領はただ統帥に関する最高且つ最終の統轄者である。大統領の軍事命令は、たとえそれが純粋の統帥行為に関するものであっても、大臣の副署を要するとなしたのは、右の見地から出たものである。大統領に対して軍隊の指揮権を与えないで、単に軍隊最高指揮官の任命権のみを付与せんとする提議には応ずることはできない。その任命権は憲法第四草案第六六条（確定条文第四六条）によって、これを行使することができる。大統領は右任命権以外において、軍隊に対して影響を与える機会を有しなければならない。中略。戦時において野戦軍及び留守軍の全部、全軍を一手に掌握しなければならない。そしてこのことは統帥権の付与によってなすことができるとしても、その職務関係を律する必要があり且つ軍事と政治の密接な関係から、これを見るときは、大統領によってのみこれを統一することができるであろう。

大統領の軍事に関する命令及び処分は、憲法第五〇条により、他のそれらのものと同様に、その有効なるがために宰相又は主任の国務大臣の副署を要し、この副署によって責任がとられる。

国防法第八条第二項において、
大統領は全軍隊の最高命令権者である。その下に国防大臣は全軍隊に対し命令権を行使する。陸軍の首位に一人の将官が陸軍部長として、海軍の首位に一人の将官が海軍部長として位置する。

と規定した。

大統領及び国防大臣はもともと軍人ではなくとも、国防法第八条第二項の規定に基き、軍事法令の意味における軍事上の上長である地位を有した。ドイツ皇帝の統帥権の範囲は帝国憲法第六三条に基き平時においては制限されていた。大統領の統帥権はなんらの制限には服しなかった。その統帥権は大元帥としての皇帝に属した、すべての権利を包含したばかりか、各連邦君主の殆んどすべての権利を包含した。

日本

わが国においては、プロイセン・ドイツに先んじて兵政が分離されたことは、とくに注目に値する。しばしば述べられたようにこれら両国における軍制の差違がここにも現出せしめられている。

明治憲法の下においては軍制は立憲主義に服従せしめられなかった。議会は天皇の統帥権並びに編制及び兵額の決定に関しては干与することが許されず、また内閣においてもまた(ママ)そうであった。

これは明治一一年末において統帥権が太政官から独立せしめられたことに始まり、明治憲法制定後においても引き続き承認され、ポツダム宣言の受諾に至った。

明治憲法第一一条及び第一二条は等しく帷幄上奏によって運用され、これら条文には、国務大臣の責任を規定する第五五条が、憲法上何等の規定がないのにも拘わらず適用されなかった。これは明治憲法の絶対制的な性格に基くものであった。わが国においては、軍部対政府又は議会が論議の中心となり、副署を有しない統帥命令の違法性は余り問題とはならなかった。これは第五条の構造がドイツ帝国憲法第一七条第二項又はプロイセン王国憲法第四四条とは異っており、一九世紀前半の憲法型であったためによるものであろう。すなわち明治憲法第五五条に関して伊藤博文著『憲法義解』は次の如く註釈を加えている。

副署は以て大臣の責任を表示すべきも副署に依て始めて責任を生ずるに非ざるなり。

とし、副署を以て法律勅令及びその他国事に係る詔勅に実施の力を生ぜしめるものとなしているからである。

明治二二年勅令第二六七号陸軍定員令の制定に際し、帷幄上奏による勅令制定の方式が承認され、内閣は以後この種の勅令の制定に際しては形式的に参加するのみとなった。この方式が承認されたのは、公文式により、勅令には主任の国務大臣の副署を以て足りることとされていたのに基いた。ところが明治四〇年二月一日の勅令第六号の公式令の制定により、右の制度が廃止せしめられざるを得ないこととなり、ここに明治四〇年軍令第一号軍令の制が制定され、「陸海軍ノ統帥ニ関」する規程は、内閣を経ることなく制定され得るに至り、ここに形式的にはわが統帥権の発展の頂点が見出される。

統帥と国務、軍令と軍政の、それぞれの領域の限界は、流動的であって、限界争議、疑問及び不確実への誘因を生ぜしめ、その限界は論理的にはなされ得ないで、政治的に建設された。いうまでもなくこの限界は絶対主義・君主主義的に劃定された。明治憲法の下における軍隊の最高処理の本質はここに見出される。

軍隊の最高処理の現実に関してはすでに（第四章参照）述べられている。

わが国においては軍事の最高処理のために、陸軍省及び海軍省の外に、同格のいくたの直隷軍令機関が設置された。その主要なものとしては、陸軍にあっては参謀本部及び教育総監部、海軍にあっては軍令部があった。

天皇の統帥権の親裁の展開に役立つべきであったと思われる「軍事内局」は、明治二七・八年戦役に際して一時的に設置を見たが、遂に永続せしめられなかった。この軍事内局の設置に関しては、ロレンツ・フォン・シュタインや、メッケル少佐等から示唆を受けたが、参謀本部が、

独逸国に於ては将校の人事は国帝の親裁する所にして、陸軍内局ありて将校の履歴簿行状簿を所持し奏薦を掌るの典なり。我邦に於ては、天皇陛下軍政を親裁し玉ふの日猶浅きを以て前条の会議（陸軍大臣、参謀本部及び監軍の会議・著者註）を組織するを要用とする者の如し。

と反対した。このように参謀本部が統帥権の強化に役立つべき軍事内局の設置に反対したことは、いかにこれを解すべきであろうか。

なお陸軍にあっては軍司令官、海軍にあっては艦隊司令官及び鎮守府司令長官等が、軍令直隷機関として存在した。

これら諸軍令直隷機関の相互間の綜合調整に関しては何等規定されず、また陸海軍を通ずるものについても同様であり、軍令直隷機関と陸海軍省の関係に関しても殆んど規定されなかった。

国務は内閣により、統帥は軍部によって、それぞれ別々に上奏され、内閣官制第七条中において規定された、

事ノ軍機軍令ニ係リ奏上スルモノハ天皇ノ旨ニ依リ之ヲ内閣ニ下付セラルルノ件ヲ除ク外陸軍大臣海軍大臣ヨリ内閣総理大臣ニ報告スヘシ。

の適用を受けた。しかし本条の適用によっても国務と統帥の調整に関して、なんらの効果を発揮し得なかったということができる。

陸海軍大臣は慣行によって統帥事項に関与し、その任用資格を現役武官に限定していたために、軍隊の最高処理に関して文民的なコントロールが行われ得なかったばかりか、内閣の組織を困難ならしめたりもしくは不成功に終らしめ又は内閣を崩壊せしめたことがあった。

第七章　軍　法

概　説

軍法 Martial Law は、もともといくたの意義を有していた。現今においても凡そ次の三又は四の意義を有している。その一は、ここにいう軍法 Military Law であって、主として軍人に対して適用される法律をいい、二は、非常事態に処する非常法（通例 Martial Law、近時に至って Martial Rule と呼ばれる）をいい、三は主として軍人によって執行される占領地行政 Military Government をいい、四は軍事委員会 Military Commission によって審判される軍事裁判 Martial Justice をいう。

イギリス

イギリスに行われる軍法に関しては、すでにしばしば述べられている。現在陸軍及び空軍に適用される軍法は、陸軍及び空軍（年々）法並びに陸軍法及び空軍法である。海軍に関しては、ここに省略する。陸軍法は、正規軍に属する軍人並びにある場合には地方軍に属する軍人及び軍隊に従属する者等に対して適用される。軍法会議 A General Court-Martial は、国王又はその直接もしくは間接に委任を受けた将校により召集され、軍法会議の裁判長及び裁判官は、その召集者により、一定の将校の中から命ぜられ、裁判は公開を以て原則とし、判決は国王又はその委任を受けた者により確認されなければならない。

軍人はもともと武装した一般臣民であって、且つ軍紀に服する者であるから、犯罪に関する権利義務に関しては、一般臣民と全く同一である。陸軍法第一六二節第一項ないし第六項によるに、陸軍法により ある犯罪について軍法において刑が言い渡され、再び同一の犯罪に関して通常裁判所において審理されるときには、通常裁判所はその刑の言渡しに際し軍法会議において言い渡した軍事刑罰を考慮しなければならない。軍法に服する者が通常裁判所において刑を言い渡されたとき又は無罪となったときには、陸軍法によって同一の犯罪について軍法会議において裁判されることはできない。これらの規定は、軍人が一般刑事法に関する限り、一般臣民と同様に通常裁判所の裁判権に服し、通常裁判所が軍法会議に優越する主義を認めるものであって、ここにも「法の優越」Rule of Law の原則が行われている。

軍法会議の判決に対し通常裁判所へ控訴上告をなす権利が認められてはいないようであるが、軍法会議は多くの点において上級の通常裁判所のコントロール及び監督に服している。

一七八六年以来一判決 Sutton vs Johnstone により、通常裁判所は軍紀の行使には関与しない旨が明確にされたが、更に一九一九年の Heddon vs Evans によってこの問題が再確認された。

甲　将校又は兵卒が主張せんとする権利が、普通法 Common Law によらないで、軍法によってのみ与えられたものであるとき（階級の付与又は進級等）には、その救済は軍法によってのみこれを求めることができる。

乙　もしもこの権利が基本的な普通法の権利（身体の不可侵又は自由等）であるときには、軍法によって制限されない限り、これを通常裁判所において主張することができる。

丙　この場合において

一　将校が職権を有せず又は職権を超えて、不法の監禁をなし又は普通法の罪を犯したときは、たとえそれが軍紀の維持のためになされたとしても、その損害に関する訴訟に応じなければならない。

二　もしも将校の行為がその職権内にあり且つ軍紀の維持のためになされたときにおいても、その行為が悪意を以て且つ正当の理由がなくなされた限りその責に任じなければならない。

なお軍人の懲罰権が法律の委任に基いて行われている。

国王ジョージ一世の第三次反乱法（一七五一年）によると、

上官の命令に服従することを拒絶した、すべての将校又は兵卒は極刑に処せられると規定されていた。当時軍隊は不可侵な国王の親裁の下にあって、しかもイギリス憲法の制度によれば、国王は悪事をなすことができなかったから、上院は、

（全国の基本的法により）国王の命令は法の範囲内に拘束且つ制限されている。もしも違法であるならば、法により罰せられるとしても、それに服従する義務はなく、命令が国王からでたとしてもこれに服従してはならない。

との理由により、この法律の制定は王国の根本法を犯すものとなした。この法律の制定後どんな上官の命令が一般社会に対し圧制的であり、また一般臣民の権利及び制度に対して専制的であっても、下級者は上官の命令に服従しなければならないようになった。そうでなければ上官の命令によって召集された

軍法会議によって極刑に処せられ、それにも拘わらず一般臣民は法制上何等の救済手段を有しなかった。これは当時ジョージ一世の下に制定された二法律によって軍人は実際上通常裁判所における裁判から免除されていたからである。

一七一八年の反乱法により右の規定が、

上級将校の、いずれかの適法 lawful の命令に服従することを拒絶した者。

とされ、軍人の服従義務に関して制限が加えられた。一七四九年に至り議会における激論の結果逆に、

上級将校のいずれかの適法の命令に服従しない。

と改正され、今日(海陸空軍とも)に及んでいる。

一七七六年のアメリカ連邦の軍刑法 Articles of War 第二篇第五条中に、右と同一規定を包含せしめている。これは当時イギリスで現行であった一七七四年の反乱法第二節第五条の規定を何等の変更なく採用したものであり、以後数次の改正があったが、何等の変更なく、一九五〇年五月五日大統領承認の「軍事司法の統一法典」中に及んでいる。

このような英米の法制とわが法制の相違は、太平洋戦争の敗戦による戦犯裁判に顕著に現われ、いくたの犠牲者を生ぜしめた。

アメリカ連邦

アメリカ連邦における軍法はイギリスの当該制度と大同小異である。一九五〇年五月五日大統領が承認した八一議会第二会期の立法である「軍事司法統一法典」Uniform Code of Military Justice を以て現行規

定とする。アメリカ連邦の全軍に通ずる軍司法法典であって、従前陸海両軍及び沿岸防衛隊の紀律法を統合して立法された、画期的なものである。アメリカ連邦における三軍の統合及び第二次世界戦争の経験等に基いて、慎重審議の結果立法されたものであって、一一編一四〇条に渉る大きな法典であり、ここにその一々に関して述べることは許されない。

この立法によって、司法手続によらないで、微罪のための制限された懲罰の付加、審理前及び審理の手続の設置、三級の軍法会議の設置及び構成、これら軍法会議の構成員の被選任資格、その職員及び弁護人の資格、その判定及び判決の審査並びに再審軍法会議の設置、現代法律語を以て再編された刑の列挙及び定義がなされている。なおこの統一法典は一九五一年五月三一日から施行されている。

軍法会議は連邦憲法に規定する、いわゆる「憲法的裁判所」の一部をなすものではない。憲法第三条によって連邦最高裁判所に与えられている上告管轄権は、移送命令 Certiorari 又はその他の手続による、軍法会議の上君審査を包含しない。従って通常裁判所は軍法会議に対し上告管轄権を有しない。もしもありとすれば軍法会議の管轄権の欠陥に基く、附随的攻撃の手段によってのみ、軍法会議の判決を審査することができる。これらはすべて最高裁判所の判決によって確定されている。

軍法会議の裁判管轄権は、軍事犯に限定されているが、もしも軍事犯が通常犯に該当するときは、軍法会議が通例優先する。連邦は普理法（コンモン・ロー）に関する管轄権を有せず、連邦法律に基かないで、連邦に対する犯罪は存在しない。そして、この原則は軍事犯に対しても行われている。現に服役中の軍人が、その服務中犯した犯罪に関し、各州裁判所において民事刑事の裁判が開始されたときは、審理前 Before Trial or Final Hearing に、この事件はその繋属中の地方における連邦地方裁判所に移送されなければならない（統一法典第一四〇条第九節）。

ここで軍法会議と行政機構裁判所の差別が明らかになされなければならぬ。後者の裁決又は判決は殆んど例外なく、当該機構設置法又は行政手続法第一〇節により連邦裁判所の上告管轄権に服する。軍法会議においては統一法典によって連邦裁判所から全然離れた自身の上告手続を有している。行政手続法第二節（a）によりこの法律は軍法会議及び軍事委員会には適用されない。この規定は連邦裁判所が軍法会議の上告管轄権を有せず、また軍法会議が文事的な連邦司法制度から分離している管轄権を有する旨を示している。

なお軍人に対する懲罰権は法律に基礎が置かれている（統一法典第一五条）。

フランス

旧制に関しては暫く措き、一七九〇年二月二八日国民議会はその憲法委員会及び軍事委員会に対して速かに軍法会議に関する法律案を提出すべき旨を命じた。同年九月二二日に至って、軍事裁判所に関する一つのデクレを得た。第一条で軍人は軍事又は通常裁判所以外のものによって処罰されないとの原則が採用され、通常犯は常人と同様に通常裁判所の管轄となし、戦時国境外で軍人又は従軍者が犯した通常犯罪は軍事裁判所の管轄となし、軍事法に違反した者は軍事裁判所の管轄となした。

その後共和暦三年霧月三日及び同五年霧月一三日の法律等によって、後に来るべき軍法会議の組織に関する原則が定められた。軍人の犯罪は原則として軍法会議において管轄することとし、最初は軍事犯に限定されたが、漸次その他の犯罪をも管轄せしめられるに至った。

革命後最初の軍刑法としては、一七九一年八月二八日の法律があるが、これは一種の懲罰法ともみなさるべきものであって、軍における服従の回復の手段に供せられた。一七九一年九月三〇日—一〇月一九日の法律は、軍刑法である。そしてその後の改正に関しては、ここに一々述べない。

ナポレオン三世の一八五七年六月九日の陸軍司法法は、一八五八年六月四日の海軍司法法とともに、軍刑法及び軍法会議法を一括規定し、英米普(一八四五年)の立法例と同じくしている。その後軍法会議の改革及び廃止が論議され、遂に一九二八年の陸軍軍司法法の制定を見るに至った。

＊ この法律はわが国の当該制度に影響を与えている。なおわが国における軍刑法及び軍法会議法が一括規定されなかったことに関しては、後に述べられるであろう。

一九二八年の陸軍軍司法法は、一八五七年の法律を全部に渉って改正した。旧法においては古い伝統が継承され、通常刑法から全く独立する軍律を制定し、その適用にあたる者は、軍部から採用され、通常裁判所とはなんら関係を有しなかった。これは軍律の制定にあたって軍紀の維持のみに専念したことを意味する。ところが新法では、この軍律の独立性が攻撃され、軍刑法を通常刑法に接近させ、軍事裁判を通常裁判に統合させた。

一八一五年四月二二日の追加憲法第五四条により軍事犯のみが軍法会議の管轄に属し、第五五条によりその他の犯罪はたとえ軍人により犯されても、通常裁判所の管轄に属すると規定したが、その後百十数年を経てようやくその実現を見ることができるに至った。

旧法第一条によるに、軍事裁判は、(一)軍法会議、及び、(二)再審軍法会議により管轄されるとあったのを、新法第一条においては、㈠軍法会議、㈡上告軍法会議、及び、㈢破毀裁判所 Cour de Cassation により管轄されると改められた。かくして軍事裁判は通常裁判に結合せしめられ、新法第一〇条以下において、常設軍法会議の裁判官は、軍人たる裁判官の外に、一人の法律専門家・通常裁判所の裁判官の参加を認め、その裁判長としては控訴院長である裁判官又は同院の裁判官を以て充てることとなされた。旧法第八〇条以下において、破毀裁判所に対する上告は、軍人に対する犯罪に関しては認められなかったが、新法第九九条第二項及び第一〇〇条以下において、軍人及び非軍人の区別なく、上告が認められている。

旧法第五五条以下によって、軍法会議は原則として軍人によって犯されたすべての犯罪について管轄権を有していた。このような軍法の広汎な権限は、一九世紀の終り頃から認容されてはならないとされるに至った。

㈠国民皆兵 La Nation Armée の制は、従前の傭兵軍に代わるに至り、兵卒はできる限り日常生活及び通常裁判に委せられなければならない。

㈡一つの著名な事件（ドレーフュス事件）によって軍法会議の信用が失墜せしめられ、すべての特別裁判制度に対して今日蔓延するに至っている不信任運動が、最初から軍法会議に対して、そのいくたの改善に関する法律案（議員提出案も含まれる）によって表明された。そして軍法会議の廃止に言及しなかった改善論者は、平時においてはその管轄権を軍事犯に限定せんとした。このような新傾向は一九二八年の立法により認められ、軍人が犯した通常犯は、平時にあっては刑法及び通常法である刑事法によって通常裁判所において管轄せしめることとした。

新法第二条により軍法会議は平時においては、第二条以下に規定する軍紀の違反のみを管轄し、軍人によって犯された、他のすべての犯罪は、公判開始の時から通常裁判所で審理され、兵営内等で犯された通常犯についてのみ従前の通り軍法会議の管轄となさしめている。この最後の兵営内云々の例外規定は、上院の修正により加えられたものであって、同条の意義がやや不明確となさしめられているようである。

軍法会議の管轄に属する者が通常裁判所の管轄に属する者との共犯の場合には、新法第六条の規定により、原則として通常裁判所の管轄となされ（旧法第七六条参照）、軍法会議の管轄に属する者の一個の行為が、通常犯及び刑事犯にかかるとき（想像的競合）は、軍法会議の管轄に属し、併合罪（実体的競合）の場合にあっては、新法第四条は旧法第六〇条を継承し、最初に最も重い犯罪の取調べのために、当該裁判所に送致され、次いで他の犯罪のために、その管轄裁判所に送致される。これら両裁判所がそれぞれ刑の言渡しをなしたときは、最も重い刑のみの執行を受け、一つの裁判所の優先を認めず、同種の刑が言い渡されたときは軍法会議のそれが優先する。

軍人の懲罰規定は法律又は公務を組織する規則によって定め得るけれども、その懲罰が自体の自由の拘束又は財産権の侵害（俸給から引去金の形式による罰金）にかかるときは、フランス公法の一般の原則に従って、法律によってそれが規定されなければならない。陸軍軍隊における懲罰規定は、各兵内務書に規定されている。

ここで軍人の服従の義務に関して一言されなければならない。すなわちすでにしばしば述べられたように英米の当該制度と格段の差異を生ぜしめているばかりか、わが国にも重大な影響を及ぼしていた。

刑法一一四条においては、

政府の官吏又は担当者は、個人の自由、一人もしくは数人の市民の私権又は憲法に対し恣意的もしくは侵害的な行為を命じ又はなしたときは、公民権剝奪の罪に処せられる。

それにも拘らず上官の命令により管轄事項のために行動するならば、無罪を証拠立てられ、処罰から排除され、この場合においては、命令を与えた上官に対してのみ罰則が適用される。

と規定されており、フランス憲法の原則である、「軍隊は本質的に従順であり、武装した団体は協議してはならない」に基いて規定され、軍隊内務書における軍人の服従の定則をなしている。このようにして受命者は違法な命令に服従しても免責されている。

プロイセン・ドイツ

封建軍隊における秩序の原則は「忠実」であって、服従ではなかった。傭兵軍隊では無条件の「服従」の原則が発展させられた。傭兵軍隊はその長官が充分且つ無条件な統帥権を有し、その中に裁判及び刑罰権が包含された。この命令権は傭兵がその採用に際して宣誓した軍律[*]Kriegs artikel oder Artikelbriefe に詳細に規定された。

＊ わが陸軍に行われていた「読法」はオランダの当該制度を媒介して採用されたものであり、その原初的形態はここに見出される。

近世国家における常備軍では、国王が一方的に軍律を定めた。軍事裁判権は、一般の市民的裁判権から区別されて存在した。国王は大元帥でもあり、最高の裁判者でもあった。軍法会議は国王の委任によって開廷した。その判決は国王の親署によって拘束力を生ぜしめられた。下士官兵卒に対する判決に限って、その確認権が軍隊指揮官に委任せられた。

プロイセンではこのような変遷を見た。一九世紀初期における軍制改革に際し、軍事裁判権は新しい意義を有するに至った。これまでは軍人の勤務犯罪は勿論軍人及びその従属者のすべての、民刑事事件は通常裁判所の管轄とはなされないで、軍事裁判権の管轄に属していた。これは軍人と市民の分離の強化に役立った。ところが種々論議の結果軍法会議では、軍人の勤務の内外を問わずその刑事事件のみを管轄することに決着した。

修正憲法第三七条においては、

陸軍の軍司法権はこれを刑事事件に限定し、法律により規定する。

陸軍における軍紀に関する規定は、特別の命令事項とする。* (一八七四・五・二、帝国軍事法第八条、第三九条、第一項参照)

と規定された。このような規定は政府の憲法案中には存在しなかった。

* 明治憲法第三二条中の「規律」は右第二項に関連を有し、本項のような規定を脱落したために、その意義が著しく不明瞭ならしめられていた。

シャルト・ワルデック第三一条は、

軍隊は戦時及び勤務外においては通常法律の下に服し、平戦両時における軍紀は、法律を以てこれを定める。

と規定せんとした。ワルデックが認めた理由書によると、「民事に関する軍司法権は久しい以前から撤去されている。軍紀に関しない限りは刑事においても、法律の前における平等の原則は、裁判権、訴訟手続及び刑罰に関してすら、軍人の例外的地位がやむことを要求する。軍隊が戦時及び勤務以外において、通常の法律の下に置かれるならば、軍人と人民の他の階級との、これまでの分離を除去するために寄与することができる。軍人たるがために、臣民の他の権利の例外を認めることは、いつも正当とはなされないで、ただそこなうように作用することができるのみである」と述べられている。欽定憲法第三六条は右第三一条のように軍司法権を刑事司法として全く廃止するとはなさなかった。この第三一条は普通刑法によって罰せられる行為に関するのみならず、軍事犯を廃止し、それを単に懲罰として存続せしめんとするにあった。

欽定憲法第三六条においては

陸軍は戦時及び勤務に際し、軍事裁判権及び軍刑法の下に服する。戦時及び勤務以外においては、軍刑事裁判権を継続し通常刑法の下にあるものとする。平戦両時における軍紀に関する規定及び軍裁判権に関する詳細な規定は特別の法律によりこれを定める。

と規定された。

プロイセン議会第一院の中央委員会は、右の規定を簡単になし、第二項を変更し、法律に留保した軍紀の規定を命令に委任せんとした。この最後の事項は偶然又は何心がない修正ではなく、最高軍事命令権の現存の絶対権を維持せんとする意思が存していた。この修正案に対して、第一院及び第二院（の修正委員会でも同様）が同意を表した。

軍の紀律に関し、「立憲」政治以前の制度では、刑罰と懲罰が混同せしめられ、これらに関する規定は、いずれも君主又はその委任に基いて軍隊指揮官が規定していた。その後の「立憲」政治の発展に伴い、軍刑法及び軍法会議法の制定があり、軍紀に関しても法律又はその委任に基く命令によって規定されるようになった。憲法第三七条の成立も右傾向を明らかに示している。

一八四五年四月三日のプロイセン軍刑法は、二部から成立し、第一部は軍刑法、第二部は軍法会議法であった。この軍刑法は一八六七年一二月二九日から北ドイツ連邦に施行され、一八七二年六月二〇日ドイツ帝国軍刑法の制定により、同施行法を以てプロイセン軍刑法第一部を廃止した。

第二部軍法会議法は引き続き効力を有していた。すでに一八六二年プロイセン下院においてその改正が論議された。バイエルン王国では、一八六九年四月二九日の軍法会議法により、軍法会議の審理に際し口頭及び公開主義並びに陪審等を認めたため、プロイセンにおいても軍法会議法の改正が一層劇しく論議されるに至った。もともと軍司法権は統帥権の作用であり、プロイセン軍法会議法では軍司法権は統帥権と結合せしめられ、審理は文書及び非公開主義の下に行われた。同国将校の大多数は裁判の公開は軍紀を破壊するものであるとの念を抱き改正に反対した。これに反し政党の多数は裁判の公開が、真の改善の基本的条件であると信じていた。同法の改正に関し政府と（陸軍）軍事内局の間に劇しい論争が続けられた。遂に一八九八年一二月一日に軍法会議法が制定され、一九〇〇年一〇月一日からその施行を見た。

軍法会議法第一条により、軍法会議は原則として軍人のすべての犯罪につき管轄権を有し、第一二条により軍刑事裁判権は軍法会議の長官及び軍法会議により行使され、ここに軍裁判権は統帥権と結合せしめられた。このような軍法会議の長官と軍法会議の分離は、中世の裁判制度の、裁判官と判決者の特有な対立の根本観念に基いている。軍法会議は大元帥の人的権利から生ずる、その裁判所として存在した。そして広義の軍事行政の一部をなし、その裁判権の行使は大元帥が高級司令官・軍法会議の長官に委任した。

共和国（ワイマール）憲法第一〇六条は、

軍法会議は戦時及び軍艦内におけるものを除くの外、これを廃止する。その詳細は同法律によってこれを定める。

と規定した。その理由とするところは、軍事裁判官は通常裁判官のように独立であることができない等にあった。しかしこれは他の民主国の当該制度に比べて、行きすぎの感があると述べる者があった。

軍人の懲罰に関しては、旧プロイセン王国憲法が関する限りにおいては、憲法第三七条第二編の規定により、軍懲罰規定は特別の命令を以て定むるとなされていた。一八七四年の帝国軍事法第八条により軍懲罰規定は皇帝が定めるとあったが、実際においては、二年前のプロイセン勅令である軍懲罰規定又はこれと同一の内容を有する規定がドイツ全軍隊に行われた。共和制ドイツでは、国防法第一一条の委任に基く統令である懲罰規定が存在していた。

ドイツにおける軍人の命令服従の関係はどんなに維持されていたであろうか。帝国軍刑法（一八七二・六・二〇）第四七条において、

勤務事項における命令の実行が刑法に違反するならば、これに関しては命令を与える上級者が責

に任ずる。けれども命令に服従する下級者は、㈠もしも与えられた命令に違反し、㈡上級者の命令が通常又は軍事犯罪を企図した行為にかかっていることが知られたならば、共犯者の罪に該当する。と規定された。この条文の解釈に関しては大いに論議されたが、ここではそれには言及しない。フランスにおける当該制度より、より厳格に命令の適法性が規定されていたということができるであろう。

日本

明治初年からの軍刑法の一々の変遷の如きは、ここに暫く措き、明治四年八月二八日の海陸軍刑律は、一八一五年三月一五日のオランダ陸軍刑法を参照し、これにわが国特有の割腹及び笞杖等の制度を加味して制定されている。オランダでの特有の事情に基いて、わが国の軍律は英米仏等と異って、軍刑法と軍法会議法がそれぞれ別々に規定されるに至った。

明治一四年一二月陸軍刑法（太布六九）及び海軍刑法（太布七〇）が制定された。この陸軍刑法はフランス、ドイツ及びスイスの軍刑法を参照して立法された。明治四一年に至り陸軍刑法（法四六）及び海軍刑法（法四八）が制定された。刑法は第八条により他に特別の規定がない限り陸海軍にも適用された。

陸海軍軍法会議に関する明治初年以来の一々の変遷も煩に堪えないからここには省略する。

明治一六年太政官第二四号布告陸軍治罪法、明治二一年法律第二号陸軍治罪法及び大正一〇年法律第八五号陸軍軍法会議法並びに明治一七年太政官第八号布告海軍治罪法、明治二二年法律第五号海軍治罪法及び大正一〇年法律第九一号海軍軍法会議法の順序にそれぞれ制定された。*

＊　一八一四・七・二のオランダの陸軍司法法もわが国に影響を与えているようである。

明治憲法は軍法会議に関してはとくに規定をなさなかった（第六〇条参照）。憲法発布当時現行であった軍法会議法は法律の名称が附せられたが、議会の協賛を経たものでもなく、厳格な意味での裁判所ということはできない。

大正一〇年に制定された陸（海）軍軍法会議法によっても、軍法会議は多分に軍令機関のような実質を備え、通常裁判所とは何等の関係を有しなかった。

軍法会議の裁判官は将校からなる判士と、文官であり、しかも終身官である法務官からなり、「軍法会議ハ審判ヲ為スニ付他ノ干渉ヲ受クルコトナシ」と規定されていた。

軍法会議には長官（高等軍法会議にあっては、陸、海軍大臣）が置かれ、長官が裁判官を定め、所轄軍法会議の管轄に属すべき事件について公訴の指揮をなすことができた。

軍法会議は憲法第五九条に規定する二個の場合の外、更に軍事上の利害を害する虞あるときは、対審の公開を停めることができた。

軍法会議は軍人、軍に従属する者等が犯した犯罪について裁判権を有し、裁判は裁判官の過半数の意見によりなされ、従前のような「具申」は廃止された。軍法会議は附帯の私訴には干与しなかった。軍法会議の裁判に対しては、通常裁判所に対して上訴することが認められず、軍法会議と通常裁判所の関係においては、前者が優先していた。

昭和一七年の陸海軍法会議法中の改正（法七八、法七九）によって、軍法会議に対して劃期的な改正が加えられ、文官である法務官を廃止し、これにかえるに将校である法務部（科）将校を以てし、軍法会議がいよいよ軍令機関であるような色彩を加えられるに至った。この改正に関する陸軍当局の説明によるに、司法権と統帥権を密接不可分の関係におき、司法権の作用の上に統帥上の要素を全幅的に反映させんとするためであるとなされている。

軍人の懲罰に関しては、すでに述べられたが如く、法律の委任に基かず、陸軍にあっては軍令、海軍にあって勅令により、天皇の統帥権又は大権に基いて規定されていた。

明治軍隊における軍人の服従に関しては、陸海軍刑法において服従が強制されていた外、軍人勅諭において服従の原則が示されていた。陸軍にあってはしばしば述べられた「読法」の外に軍隊内務書において絶対的服従が命ぜられていた。この規定は旧幕府時代における、フランス軍事使節団の、シャノワンからすでに伝えられておる。当時現行であった一八三三年一一月二日の軍隊内務書（勅令）の影響を受け、これに規定されている服従の原則は刑法第一一四条及び第一九〇条に基いて規定されている。わが国においてはこのような刑法が存在していなかったのにも拘わらず、引き続き従令者の絶対的服従が強制されていた。[*]

＊　刑法（一三太布三七）第七六条本属長官ノ命令ニ従ヒ其職務ヲ以テ及シタル者ハ其罪ヲ論セスの規定はフランス刑法の影響を受けているようである。しかしこの規定は後者ほど明確ではない。刑法（旧四〇法四五）（第三五条法令又ハ正当ノ業務ニ因リ為シタル行為ハ之ヲ罰セス）においては旧刑法のような規定は存在せず、第三五条により上官の違法な命令を従命者が実施したことを「正当ノ業務」とみなし、免責し得るや否やに関しては重大な疑問が存する。

第八章　軍事命令及び規則

イギリス

イギリス国王は陸海空軍の最高の行政及び統帥に関する国王の意思は、他の政務におけると同様に、いくたの形式を以て発表されている。勅令又は枢密院令 Order in Council は、国王の特権か又は法律の委任に基いて発せられ、後者は一九四六年の法律 Starutory Instruments Act, 1846 第一節第一項により勅令により発せられるもの及び各省により発せられる命令を併せて Statutory Instrument と称することとし、国王が特権に基いて発する命令を区別せしめている。

法律の立案は財務省における「議会法律顧問」Parliamentary Counsel により立案され、右にかかげた委任命令の制定に関しては、前掲法律中に詳細規定されておるが、ここではその一々に言及しない。

国王の委任状又は辞令 Royal Warrants は、国王特権又は法律の委任によって、軍人の任命、進級及び給与等に関する事項を規定し、軍隊に対しては「海軍艦隊命令」、陸軍に対しては「陸軍命令」並びに空軍に対しては「空軍省週命令」として公示されている。

国王はたとえば陸軍法の委任又は特権により軍隊の指揮及び軍人の人事等軍事各般に関する細則的規

則又は施行規則を発する。これが王定規則King's Regulationである。これら規則は軍隊Military以外の者には適用されない。

陸軍法及び空軍法等の委任に基いて発せられる命令は、制定されるとこれを議会に提出しなければならない。

王定規則が国王によって裁可されたときは、たとえば陸軍に関するものにあっては、軍事参議院Army Councilは、これを一冊子として発する。

陸軍省公報ともいうべきArmy Ordersは、軍事参議院によって、毎月末日一回発行され、軍隊に対する規則、命令及び訓令等を包含し、これに一々番号が附せしめられている。

陸軍公報は軍隊の編制、管区、訓練、人事及び紀律等に関する重要な訓令、とくに陸軍全般に渉る永久又は半永久的な性質を有する訓令を発するためにこれを用い、その改正も陸軍公報によってのみなされる。

陸軍公報中Royal Warrants以外において、国王の裁可を経た訓令等が存している。これらは主として国王の特権に基いている。過去数年間の陸軍公報について検索綜合すると、次のような事項が包含されている。

一、編制　二、隊号及び軍隊建制順序等　三、植民地軍隊と本国軍隊の結合Alliance　四、階級　五、服装　六、軍隊の格言　七、連隊旗　八、給与　九、免役証　一〇、吊詞及び服喪　一一、勲章の授与、徽章、記章の制定及び授与並びに表彰等

軍事参議院訓令は陸軍公報以外において発表される決定であって、同院の各部局から軍司令官等に対

して発せられ、陸軍公報と同様の形式で、週刊の冊子により発せられる。
海軍及び空軍において行われる形式等も右と大同小異であるからここには省略する。

アメリカ

連邦憲法第一条第八節第一四項により、議会は陸海軍の支配及び規制に関する規則制定権を有する。大統領は同憲法第二条第二節第一項により陸海軍並びに連邦の勤務に服する民兵の総指揮者である。そして立法権に保留される諸権限は、大統領の総指揮官としての権限中に包含されないものと解するを正当とする。

軍事に関する議会の制定する法律及び最高裁判所の判決に次いで、権威あるものは、陸空軍にあっては陸（空）軍規則 Army and Air Forces Regulations、海軍にあっては海軍規則 Navy Regulations である。

大統領は軍隊の総指揮者であって、陸軍（以下陸軍に関してのみ述べられる）のために規則を制定しこれを発する一般的且つ排他的な権限を有し、また行政部の首長として軍事に関する法律の施行規則を発することができる。これら命令の内容としては、軍事の処理及び軍事勤務に関する規則があげられる。これら規則は法律の委任の有無に拘わらず、法律から区別され、一定の強制力を有するけれども、法律に次ぐ権威しか有しない。そして法律と抵触することが許されない。その本来の適用範囲においてのみ法たるの効力を有し、それ以上に及ぶことはない。そして法であるけれども、国家の法 Law of the Land の一部分をなさず、また連邦法 Laws of the States の名称の下に包含されない。陸軍並びにこれに関係ある者に限って法たるの効力を有し、これらの者を拘束し且つ決定的である。

大統領は陸軍長官を通じて命令権を行使する。後者は軍事に関し大統領の方針を実行すべき任務を課せられておる。陸軍長官は大統領を代表し、法及び最高裁判所の判決によると、その行為は大統領の行為であって、その指揮命令は大統領のそれである。陸軍規則中大統領の行為を要する場合においては、陸軍長官を通じての大統領の行為を包含する。また陸軍長官の行為を要すると規定するときは、大統領の代理者として、その命令の下に行動するものと考えられなければならない。

陸軍規則は次の如く区分される。

一　議会の承認を得たもの
二　法律の規定に基いて発せられたもの
三　大統領が大元帥としての資格で発したもの
四　陸軍長官が法律の委任により規定したもの

一　議会の承認を得た陸軍規則　議会が有する陸軍に関する規則の立法権と大統領が総指揮者としての地位の間には、密接な関係を生ずるから、問題をいよいよ困難ならしめ且つ混雑せしめる。

議会が有する権限は、陸軍に関する規則の制定権であって、統帥に関する重要な職責を包含していないことは明瞭である。そして大統領は少くとも純軍事的意味における統帥権を有し、この統帥権の中には軍事命令の制定権を包含すべきである。しかし実際問題としてこれら両者の規則制定権の間に明確な分界線を劃することはできない。

執行権は将校及び兵卒の一般的行為に関する規則であって、議会が制定せんとするものと全く同種類の規則（いずれも Regulations）を制定することができるかできないか又はいずれの部分まで及ぶことができるのか問題を生ぜさせる。そしてこれら両種類の権限が相互に抵触するときは、議会が制定する規則が、総指揮者が大元帥として制定する規則に優先するものであることは明瞭である。

アメリカ建国の当初においては、議会は恐らく少くとも軍事に関しては、重要な規則を制定し、政府をしてその細則を制定させ、これによってそれを補充せしめんとしたようである。但し法律に抵触することができないことは勿論である。実際の慣行によると、議会はいくたの場合において、大統領が発した諸規則を承認した。それがためこのような承認がない場合には、大統領はその独立の権限に基いてこれら規則を制定することができるかできないかの疑問を生ぜしめるに至った。

今日の意味における、陸軍規則の第一冊は一八一三年三月三日の法律によって与えられた権限により、同五月一日に軍隊に対して発せられた。その後数次の変遷を経て、一八六六年七月二八日の法律第三七条により、陸軍長官は次回の議会開会までに陸軍規則を起草し、これを議会に報告すべく命ぜられ、議会はこの報告に基いてなんらかの決定がなされるまでは、現行規定が効力を有するものとなされた。この報告に基いて規則が議会に提出されない間に、一八七〇年七月一五日の法律第二〇条により軍事規則を陸軍長官が起草し、議会がそれを承認したときは、議会がその廃止又は変更をなさない限り効力を存続し、陸軍長官は陸軍規則を次回の議会に提出すべく、しかもこの規則は連邦法律に抵触してはならない旨が規定された。この規則により陸軍規則が起草され、一八七三年二月に下院に提出されたが、その承認を得ない間に第四二議会は延会した。第四三議会において下院の軍事委員会はこの問題を審議し、陸軍規則の制定、改正及び変更は、これを政府に委任すべきであるとの結論に達し、遂に一八七五年三月一日の法律の制定を見るに至った。

一八七九年六月二三日の法律第二条により、陸軍長官は現行規則を法典化しこれを陸軍に対して発布すべき旨が命ぜられた。そして陸軍規則は一八八一年に発布され、以後数次の改正を経て、一九一三年の陸軍規則に至った。同年の規則以後陸軍規則はその体裁を全く変更し、小冊子加除式となし、条文は十進法により定められ、固定的のものではなくなり、その体裁においては最も新式となったばかりか、執務上の便利を増進せしめているようである。

第二の種類の命令に関しては、とくに述べることを要しないであろう。第三の種類すなわち大統領が軍隊総指揮官として発する陸軍規則は、軍の指揮に関する規定、敬礼、儀式、軍人の名誉、屯営地又は野外における勤務等に関して発するものを包含する。第四の種類は陸軍長官が大統領の委任に基かず、直接に法律の委任に基いて、とくに命令を発する場合に該当し、これがいわゆる「省命令」である。

陸軍省は陸軍規則の外に、訓練、兵器及び動員等に関して規程を定めるが、ここには省略する。

純然たる軍事命令は、軍隊総指揮官としての大統領又はその部下である軍隊指揮官が作戦又はその部下である軍隊指揮官が作戦又は軍の行動に関してなすものであって、その中で重要なものは野外命令 Field Order である。

一九四六年六月一一日承認の行政手続法 The Administrative Procedure Act 第四節(一)により、陸軍又は海軍のいずれかの職責に属するものに関しては、同法中の規定に関する手続は、この法律が関する限りにおいては除外される。

この除外は陸海軍の行動に限定されないで、いずれかの機構により行使される、あらゆる陸海軍的の職責を包含する。この除外の理由は自明の理に基くものとされている。

フランス

フランスの当該制度はイギリス、アメリカ及びドイツに比し甚だ単純である。今ここに第四共和国の当該制度に関して述べることとする。

フランスでは伝統的にデクレ Décrets は国家の元首の行為である。王政復古及び七月王朝では条例 Ordonnance、一八四八年の共和制では「アレテ」Arrêté と呼ばれた。

統令（デクレ）が大統領から発せられるときには、その署名が付され、内閣議長及び少くとも一人の大臣の副署がなされる。「統令が大臣会議で裁決された」とあるときには、政府全員の副署が付せられる。

統合が内閣議長から発議されたときには、関係の一又は数大臣によって副署される。

統令は法律のように「公布」Promulguer されないで、単に官報において公示 publier される。統令の施行期日は法律と同様であって、県の首邑に官報が到着後満一日後から施行される（一八七〇・一一・五の国防政府のデクレ）。緊急の必要の場合には、統令は県の首邑に電信又は電話される。それが県庁の門にはりつけられ直に施行される。

統令は二種類に区分される。(一)その内容、実質により、(二)その方式、形式による。

(一) 実質的見地からするもの

い　人民又は状態の全部に関する規制的な統令。この種のものは一般的且つ普遍的であり、通例の法律と同様な対象を有する。

ろ　一定の人又は状態しか目標としない個別的な統令。たとえば官吏の任命の統令の如きがこれに該当する。

(二) 形式的な見地からするもの

い　1大臣会議において裁決されたもの　2内閣議長又は一もしくは数大臣の発議によるもの　3参事院の全部に諮詢したもの　4その一部に諮詢したもの、に分たれる。

ろ　規制的措置に関するもの　1単純な規則　2行政規則　3参事院で裁決された規則、に分たれる。

は　個別約措置に関するもの　1大臣会議において裁決されたもの　2単純な統令　3行政規則の形式における統令　4参事院裁決された統令、に別たれる。

「アレテ」は統令のように大統領にのみ留保されない。決定に該当する。大臣又は国務次官の裁決の形式である。

「アレテ」は統令のような儀式を有しない。通例「アレテ」は統令の形式を真似ている。

大統領は稀れにしか「アレテ」の方式をとらない。内閣議長（大臣の資格で）、大臣、国務次官等は、当該行政の非常に重要な事項に関し、「アレテ」によって規定する。

「決定」Décisions は反対の法律的規定が存しない限り、大統領又は大臣の決定として「アレテ」の形式をとる必要はない。

大統領の決定は非常に稀れであり、これに反して大臣の決定は甚だ多く行われ、この手続はあまり重要ではない事件の解決のためにしばしば用いられる。

勤務の「訓令」は一定の出来事においてとるべき行為に関し一人もしくは数人の官吏又は軍人（軍

隊を包含される）に対して与えられる命令的指示である。

陸海空の三軍においても、右に述べた統令、アレテ、決定及び訓令等が軍事に関して採用されている。

プロイセン・ドイツ

ここで行われていた軍令制度は、頗る複雑を極め、終始国王及び皇帝の統帥権の独立の保持のために維持された。それ故本著の目的からするときは余り重要ではない。従ってここでは単にその要点にのみ触れることとする。

ドイツにおける多くの学者は「軍令」及び「軍政命令」が対立するものと信じていたが、実際においてはこのようなものは存在しなかった。プロイセンにおいては一八世紀及び一九世紀において国家意思の表示の形式として重要な地位を占めていたものの中に、仮りに「勅令」とも訳さるべき Kabinetsordre が存在していた。この形式はかのカビネット政治の下に行われ、この組織が廃止されるに至った後においても、依然用いられ、この種の命令はこれまた勅令とも訳さるべき Verordnung とは、(一)大臣の副署を欠くこと、及び、(二)特定の人又は官庁に宛てられることによって区別された。だがこの使用区分も必ずしも明瞭ではなかった。そして軍事に関してはこの形式 KO の命令が用いられたことが多く、これは国王自身が軍人であったことに基くものであるとなされた。憲法の制定とともにこの種の命令の形式も廃絶に帰することなく、立憲主義に適応させるために例外なく大臣の副署を有せしめ、大臣の上奏により発することとし、通例大臣又は当該省に宛てられた。ここに名称の変更がなされ、「最高命令」Allerhöchster Erlass となされた。しかし軍隊に関する限り旧名称が存続させられ、旧制が高調された。一九〇〇年以後に至って皇帝の命令はすべて最高命令 Allerhöchste Ordre と名づけられるに至った。

一八六〇年から一九一八年一〇月に至る間における軍事に関する命令は次の如きものであった。ウィルヘルム一世がプロイセン国王に即位すると、陸軍大臣フォン・ローンの献策に基いて、有名な一八六一年一月一八日の勅令 KO を発した。

この勅令の前文においては、「従来軍令の副署に関して取扱いが区々であったから、以後これを統一することとし、軍隊に対し告知する、すべての命令は、軍事命令 Befehle として発することとし、これがために陸軍大臣の地位及び立憲的に存する規範を変更する意思がない」旨が表明された。その内容は次の如きものであった。
一　軍令、軍事勤務事項及び人事は、常に副署を附することなく、受命者に達せられ、その内部の取扱いを更に次の如く区分した。
イ　当該事項が軍事予算に影響を与えず又は軍政の他の部局に関係を有しない限り、陸軍大臣が特別の命令を受けないときは、従前の慣行（詳細にこれを知ることができないといわれている）により直に通告を受けなければならない。
ロ　当該事項が軍事予算又は軍政の他の部局に関係し公示しなければならないものであるときは、陸軍大臣をして内密の副署をなさしめ、これにかれが関与した旨を文書によって証明させようとし、更にその形式を権限の関係に基いて二分した。
い　陸軍省が当該執行機関の系統にあらないときは、当該命令は特別の命令によって陸軍大臣に伝えられ、その際陸軍大臣は、この命令に副署し、これによってその存在を知り且つこれに同意したことを証しなければならない（第二項a）。

ろ　命令の施行が陸軍大臣に命ぜられるものであるときは、原命令に副署をなし、別にその命令を副署なくして公示すべき旨を命じ、これによって陸軍大臣の対内関係を外部に発表することを避けることとする（第二項）。

二　その他の命令であって、軍令、勤務事項又は人事に関係せず、単に軍政に関係し、予算に影響を与え又は他の方面から政務行為（わが国でいえば国務・著者註）とみなさるべきものであるときは、従前のように陸軍大臣は副署をなし、これを公示しなければならない（第四項）。

右「イ」と「ロ」の間において責任の限界、「い」と「ろ」の間において事務分掌の限界、(一)の「ろ」と(二)の間において副署の限界を認めることができる。政治上の考慮の下になされた公然の副署の制限により憲法上の原則を動かすことができないとし、命令であって予算に関係し且つ軍政に関係を有するときは、内密の副署により大臣の責任を承認した。

軍令 Ordre であって大臣の副署の有しないものの内容は次の如きものであった。

一　軍令 Armeebefhle　君主が軍隊に対し与える勅語には、一八六〇年以後副署を以て公示されなかった。海軍軍令においても同様とする。その他軍隊の服装の命令、演習勤務の感謝及び赦免状の付与等には、「軍令」の名称を附さなかったばかりか、大臣の副署を附さなかった。

二　人事に関する命令

三　勤務事項に関する命令

イ　軍事勤務規程、操典、射撃規程、体操教範に関しては、副署の有無が区々であった。野外要務令及び乗馬教範には副署なく、軍隊の技術的教育に関する規程には副署を有し、衛戍勤務令に関しては取扱いが区々であった。

ロ　個々の勤務命令に関しても取扱いは区々であった。

ハ　皇帝の統帥権が顕著に現われる場合。出師準備の命令　一八七〇年七月一六日の動員令には、陸軍大臣の副署を有し、一九〇四年の艦船の動員令にも海軍長官の副署を有したが、僅少の例外はあった。

演習その他軍隊の行動に関しても、君主は陸軍大臣の輔弼を要求し、軍隊の配置に関しては国王は議会の影響を避けんとし、これを統帥事項となしたが、実際においては副署を欠かず、艦船の配置に関しては外部から副署を認めることができない。

四　い　軍隊の編制及び組織等　これらが君主の絶対的統帥権中に包含せしめなかったのは、財政上の影響があったのみならず、陸軍省及びその所管の特別行政官庁の協力を要したことによった。しかし実際上の取扱いは区々であった。

ろ　補充　陸軍に関するものは副署を有し、海軍に関するものにはなかった。

五　表　彰

い　勲章事項は、軍人に関しては軍事内局の管掌であって、従って副署を有しなかった。

ろ　射撃徽章　副署の有無は区々であった。

は　表彰のためにする旗章の授与　僅少な例外を除いて副署を以て公示せしめられた。

に　拝謁行進曲の授与　観兵式等に際し特種の行進曲を吹奏するを許すものであり、ウィルヘルム二世の下で副署を附せず公示された。
ほ　名誉連隊長の指名　副署を附せず公示された。
へ　金品の授与　連隊又は艦隊に対する金品の授与は、副署を有せず、陸軍大臣を経由する場合にはその取扱いは区々であった。
六　軍隊の称呼　軍隊又は軍事官庁の名称等の決定に際しては、副署の取扱いは区々であった。
七　服装関係事項　これは軍政事項に属し、副署を要することに一致していたが、その実際の取扱いは区々であった。
八　軍財務行政　副署を有しないものもあった。
九　軍法関係事項
い　恩赦　原則として副署を要した。
ろ　軍刑法　副署を要することに関しては議論の余地がなかった。
は　懲罰規程　陸海軍ともに副署を有し、懲罰権の付与に際し陸軍にあっては副署を有し、海軍にあってはそうでなかったことを例とする。

一八六一年一月一八日の勅令は、公表すべき副署に関する規定であって、大臣の責任に関してはなんら規定されなかった。国王が軍隊と密接な関係にあることの意義を強大ならしめ、且つ軍事に関する議会の関与を免かれしめんとし、軍事に関する命令を大臣の副署なくして公示し、もって君主の意思の決定が大臣の輔弼なくしてなされたが如く示さんとした。
次にワイマール憲法の下における軍事に関する命令について述べられるであろう。この制度に至る一々の経過に関してはここに省略する。

ドイツ共和国憲法第五〇条により大統領のあらゆる軍事に関する命令及び処分に関しても国務大臣の副署を要することとし、ここに多分ドイツにおいて行われていた統帥権の独立ないし軍令の副署の欠陥等を残りなく廃滅に帰せしめた。

大統領は国防法第一一条により軍事命令権 Verordnungsrecht を行使することができるが、本条は軍事に関する法規命令を発する権限を委任したものである。この命令権はいわゆる軍事命令 Befehle 権を規定したものでもない。更に国防法第一一条は軍隊の行政に関する命令又は処分並びに下級官庁に対してなされる訓令とも区別されなければならない。これらの命令、処分及び訓令は憲法第五六条第二項により国防大臣の単独の職務に属し且つ国防大臣は最終管轄権者である。国防法一一条の命令は統帥命令でもなく、前者は立法手段に属し、後者は軍事技術的執行命令である。

大統領は憲法第四七条により全軍隊に対する最高命令権者である。国防法第八条により国防大臣は大統領の下に全軍隊に対し命令権を行使する。一九一九年八月二〇日の統令により、大統領が直接命令をなさない限り、同大臣に統帥権の行使を委任した。

日本

陸海軍における軍事に関する命令及び規則は、法律の基く（ママ）か又は天皇の大権によって規定された勅令、陸（海）軍省令、陸達及び海軍省達（いずれもその実質は大臣訓令と解すべきであろう）及び訓令等の形式が用いられた。

明治四〇年軍令第一号による軍令の形式がとられるまでは、帷幄上奏により裁可を得た勅令並びに陸達及び海軍省達（通例「ラル」達と呼ばれた）の形式がとられていた。

これら命令によって規定された事項は、明治一一年一二月参謀本部設置に際し陸軍卿が上申した「本省と本部と権限の大略」又は明治一九年三月一八日海軍においても統帥権が独立せしめられるにあたって、内閣総理大臣が発した「参謀本部陸海軍省権限の大略及上裁文書署名式」によって知ることができる。

明治四〇年軍令第一号が如何にして制定されるに至ったかに関しては、すでに述べられているから、ここには繰り返さない。その内容とするところは、陸軍に関するものにあっては、大正二年八月「陸軍省、参謀本部、教育総監部関係業務担任規定」、海軍に関するものにあっては、「昭和八年一〇月海軍省軍令部業務互渉規程[*]」を見ることによって知ることができる。

＊　これらの全文は拙著『明治憲法論』において見ることができる。

軍令を以て規定した事項は、ラル達、帷幄上奏による勅令及び軍令の順序に、その規定される事項が拡大され、内閣が知らない間に重大な事項が決定され、統帥権が益々強化されたことに関しては、とくに論を要しないであろう。

どんな事項が帷幄上奏され、軍令の形式で制定されていたであろうか。ここでは大正一一年二月一九日東京の各新聞に掲載された「陸軍当局談、帷幄上奏の真意」なるものをかかげるであろう。その中の「帷幄上奏事項」中には次の如きものが包含されている。

(一) 作戦計画に関する事項
(二) 外国に(ママ)軍隊派遣に関する事項
(三) 地方の安寧秩序維持の為兵力使用に関する事項
(四) 特別大演習等に関する事項
(五) 動員に関する事項
(六) 平戦時編制
(七) 戦時諸規則
(八) 団隊の配置に関する事項
(九) 軍令に関する事項
(一〇) 特命検閲に関する事項
(一一) 将校同相当官の平戦時職務の命免及転役
(一二) 其の他軍機軍令に関し臨時弁裁を仰ぐを要する事項

これらの中で命令の形式を要するものが軍令として制定されたと解し大過がないであろう。

第二編　文権優越の運用

第九章　法律の執行及び秩序の維持

概　説

法律の執行及び秩序の維持のため、軍隊が文事官憲の援助のために出動するに際し、軍隊の行動が個人の自由に重大な関連を有することに関しては、とくに言及する必要が認められない。イギリス及びアメリカにおいては主として慣習法的に、フランスにおいては制定法的に軍隊は文権優越の下にこの任務につかしめられている。これに反してプロイセン・ドイツ及び日本の旧制においては、それぞれ独立にフランスの制度の影響を受けたものの、統帥権独立の下に文権優越の例外的措置を認め、それがために武権の優越をひきおこすに至った。

イギリス

イギリスにおける当該制度の沿革の研究は興味ある課題であるが、ここでは省略する。

軍人及び常人を同様に支配する、普通法 Common Law は、軍隊が文事官憲の援助に関連して、二つの義務を課している。まず第一に、各市民は、文事官憲が法及び秩序の執行のためにその援助を請求されるときには、文事官憲の援助に赴かなければならない義務を有する。第二に、何人も必要以上に強力を使用することが許されない。

このような義務はあらゆる騒擾において、あらゆる人に対して適用される。

文事官憲の援助のために召集されたときに、法の見地からは、軍人はたとえ特別な組織及び装備を有することがあっても、他の市民から決して相違してはいない。そして軍隊の使用には必要以上に強力を使用するのおそれが包含されている。

文事官憲の救援に応ずべき義務に関して、軍人とその他の市民の間に法律的差違が存してはいないが、文事官憲が救援を請求しなかった騒擾に際し行動をとらなければならない義務が、執行官及び治安判事を除いて、常人には課せられてはいない。それにも拘わらず軍隊指揮官は王定陸軍規則*によって行動をとらなければならない。そして文事官憲が反対の指示を与えたとしても、もし現実に必要であるならば、情況が命ずるように、軍隊指揮官は行動をとらなければならない。

* このような場合は稀れであって、暴行的犯罪が犯され又は犯されそうなとき、目前且つ切迫している危険が生ずる例外な場合であり、軍隊指揮官の意見によって即座の介入が要求される。これらの緊急に際し、指揮官が執行官から指示を受領しないでも（それが執行官の不在又は他の理由により）、その必要とする行動をとらなければならない。

秩序の維持及び騒擾の鎮圧の、第一位の義務は文事官憲に存している。文事官憲は他からの救援を含めて、その全力を以て、現に発生し又は発生のおそれがある事態を処理することができず又は直ちにそのおそれがあるときにおいてのみ、軍隊の出動を請求すべきである。

遠隔の地から出動の請求を受けた軍隊指揮官は、現実に関する、充分な情報を有しなくとも、請求に応じなければならない義務を有する。軍隊の到着に際し軍隊指揮官が現状を調査するの時間を有しないときに、もしも執行官がその直接の介入を要求するならば、指揮官はこれに介入しなければならない。そして指揮官はこの場合において法によって保護されるであろう。もしも到着に際し調査の時間が存するならば、指揮官はそれをなし、現状を知り且つその介入前に自己判断をなさなければならない。

騒擾の鎮圧のために軍隊が使用される場合において、行動がとらるべき決定がなされた後に、何人に責任が存するであろうか。すでに述べられたように、公の秩序の維持の第一位の義務は文事官憲に存している。それ故、指揮官は実行し得る、すべての場合において、執行官の指示に従うべきである。けれども軍隊が処理し得る兵器又はそれら兵器の威力に関して、執行官は知らなければならない義務を課せられてはいない。それ故執行官は軍隊の介入を希望し且つ請求した特定の状況の下において、軍人によって使用さるべき強力の限度に関しては、最善の判断者ではない。それ故、執行官がもしも慎重に行動するならば、軍事的事項、とくに使用さるべき強力の度合に関しては、必ず指揮官の意見に聴従するがよいとされている。けれども第一位の責任は執行官に存しており、そしてかれがもしも現場にあるならば、その処理することができる文事的手段が現状を処理するに不充分であるときには、行動をとるべく指揮官に請求すべき義務を有する。

もしも執行官と軍隊指揮官がともに行動するならば、指揮官に対して行動せしむべく請求する義務は執行官に存する。しかしとらるべき行動、すなわち現状において要求される強力の度合は指揮官によって判断されなければならない。もしも指揮官が執行官からの行動をとるべき請求に基かず発砲し又はその請求があったのにも拘わらず発砲することを拒絶したならば、かれは重大な責任を負担しなければならない。指揮官が現に見ている状況は、発砲したこと又は執行官から受けた要求にも拘わらず発砲しなかったことを指揮官に対して正当視せしめるであろう。指揮官は使用すべき強力の度合を判断しなければならない。その目前において行われつつある暴行を他に阻止することができないならば、指揮官は発砲しなければならない。発砲することが必要であるかないかを決定しなければならないとともに、その行動に関して責に任ずる。

陸海空の三軍の王定規則及び訓令において、文事官憲の救援に関して更に詳細な規定がなされている。軍隊はどんな状況に際して文事官憲の救援に関して召集されるであろうか。一、国家の緊急（一九二〇年の緊急権法）、二、労働者の脅迫（一八七五年の陰謀及び財産保護法）、三、不法監視（一九〇六年の労働争議法、一九二七年の労働組合法）、四、不法の集合、五、暴動（一七一五年の暴動法）及び叛乱の場合において、軍隊はその出動が要求されるであろう。

最初の三つの場合は、主として労働争議及び産業不安にかかっている。ここで一九二〇年の緊急権法The Emergency Powers Act に関して一言するであろう。

数多の人又は団体が、食糧・水・燃料もしくは灯火の供給又は分配を妨げ、或は各種の交通機関を妨害し、もって社会又はその大部分から、生活の要素を奪うが如き性質及び広い範囲に渉り行動をなし又はこれをなすような脅威が存すると認められるときには、国王は緊急状態の存在を宣言することができる。その宣言は一個月限り有効であって、その満了前にそれを更新することができる。その宣言がなされたときは、これを直ちに議会に通告することが必要であり、その際議会が五日以上休会又は閉会中であって、五日以内に開会しないときは、五日以内に召集の命令を発し、議員はその定められた日に、議会に出席しなければならない。

緊急状態が宣告された場所では、その宣告の有効期間中、勅令をもって公衆に対し生活の必需品を確保するため必要な規則を発することができる。この規則により国務大臣又はその他の官庁に対し、治安の維持、食糧及び炭水等の供給及び分配並びに交通手段の維持等のため、国王が必要と認める権限及び職務を付与することができる。またこれら官庁はこれら権限の行使を有効ならしめるため必要と認める細則を発することができる。

非常規則は制定後遅滞なく議会に提出することを要し、両院がその存続を可決しないならば、その提出後七日で効力を失うことになる。

軍人はかかる規則の下に、現実の平和の破壊が生じていないのにも拘わらず、社会に対し生活の必需品を確保するために、さもなければ軍事勤務とはみなされない義務を遂行すべく召集されることがある。そこで軍人は強力を使用すべき権利を生じ、かれらに課せられた義務の遂行を可能ならしめる必要以上には及んではならないことは勿論である。

三、四及び六に関しては、暫くこれを措き、五の暴動法に関しては一言するであろう。この暴動法はわが国にはフランス法制を通じて一面的に継受されている。すなわち刑法第一〇七条中の

当該公務員ヨリ解散ノ命令ヲ受クルコト三回以上ニ及フモ仍ホ解散セサルトキ

規定が正しく右に該当するものである。わが国における外国法制の初期継受の一特徴であって、外国法制の本質の研究がなされなかったために、このような現象が生ぜしめられているものと解し得るであろ

う。他にもいくたの実例が存しており、たとえば戒厳令中等においてもこれを容易に発見し得るであろう。

暴動法 Riot Act によると、(一) 一二人又はそれ以上の人が公安を攪乱すべく、不法且つ乱暴に集合し、治安判事等が国王の名の下に宣言書を朗読し、その散会及び居住所への帰還を命じ、その朗読後一時間以上を経過し、なお散会しないで現場に止まるときは、これらの者は重罪を犯した者として処罰され、重罪犯人となる。

(二) 一時間後において治安判事等又は援助を求められた者は、前掲の者を法律に従い訴追するために逮捕し、この者が散会を命ぜられ又は逮捕さるるに際し、抵抗し傷害を被っても、治安判事その他援助をなした者は免責される。

アメリカ

アメリカはすでに述べられたように、二重の兵制を有している。連邦正規軍の外に各州民兵が存している。民兵は当該州の治安維持及び法の執行に当たる任務の外に、連邦役務につき、また他州における同一の任務につき、正規軍もまた州の治安維持及び法の執行を援助することがある。従ってこれらの関係は頗る多岐に渉り、いくたの先例において種々困難な問題に出会ったことがあったから、いまここに一々それを述べることが許されない。

連邦及び各州の憲法の制定に際し、人民の意思は、個人の自由を承認した基礎の下に、治安の維持を確保することが企図された。これが普通法にいう、「平和の保持」である。治安の維持に関し種々の法律の制定を見たが、原則としてその執行は文事官憲の任であって、軍隊は文権に従属する主義を確保すべき、種々の制限の下において維持されている。

大統領又は州知事は軍隊指揮権を有し、軍隊は秩序の維持及び法の執行に関し文事官憲を援助し、暴動等に際し文事官憲がその機能の全部又は一部を失い、その職権を行使することができなくなったときに使用される。*

* この後段は非常法に該当する。

連邦陸軍は国内の不穏の場合にこれを使用することができるが
一　連邦憲法又は法律に基いて認められる場合及び
二　不文法である非常法 Martial Rule に基く場合
に限られている。

一八七八年六月一八日の法律第一五節（10 U. S. C. 15）により、連邦陸軍は憲法又は法律の規定により明白に承認された場合でなければ、法律の執行のために、Posse Comitatus* 又はその他のものとして使用されることは適法であってはならない。本節中の憲法の規定は連邦憲法第四条第四節の規定に該当し、法律の規定とは法律の執行（10 U. S. C. 15）裁判手続の執行（8 U. S. C. 50 and 55）、暴行の鎮圧（ハワイ 48 U. S. C. 532. ペエルト・リコ 48 U. S. C. 771）ヴァジン・アイランズ（48 U. S. C. 1405 s.）抑留敵国民の逮捕及び引渡し（22 U. S. C. 465）、抑留敵国民の逃亡及び救助（18 U. S. C. 756）、インド人居住地域からの移住者の除去（25 U. S. C. 180）、同地域における飲料違反、違法所持の証拠としての酩酊飲料の所持（18 U. S. C. 34

88)、関税の徴収（50 U.S.C. 220）、連邦港湾における船舶のコントロール（50 U.S.C. 194）、武器の不法輸出の防止（22 U.S.C. 408）、鳥糞島発見者の保護（48 U.S.C. 1418）、被告の引渡し及び保護（18 U.S.C. 3192）、カリホーニア州国立公園の保護（16 U.S.C. 78）、エローストーン国立公園の保護（16 U.S.C. 23）、フロリダ州における木材の保護（16 U. S. C. 93）、割譲された島嶼からの無権限者の除去（sec. 1, Act Mar. 3, 1807-2s tat 445）、州に対する反乱の鎮圧（50 U.S.C. 201）、連邦に対する反乱の鎮圧（50 U.S.C. 202）、憲法的権利、特権及び不可侵権の執行（12 U.S.C. 5299, 50 U.S.C. 203）及び大統領による宣言（大統領の判断において、軍隊を使用することが必要となったときには、大統領は直に宣言により反乱者に退散を命じ、限定された時間内にそれぞれの居住所に平和裡に帰還することを命じなければならない（50 U.S.C. 204）が包含される。

＊ Posse Comitatus とは普通法の法律観念であって、治安維持のため一定の男子を執行官吏が召集し使用し得ることをいう。ここではさきにかかげられた裁判手続の執行及属領における暴行の鎮圧のためにする召集に該当する。

大統領でなければ軍隊を出動させることはできない。文事官憲の援助のための、兵力の請求は当該官憲が大統領に対してなし、その考慮及び行動を求めなければならない。地方における軍隊指揮官が出兵の請求を受け、しかも猶予の余地があるときには、大統領の考慮及び行動を求めるために、事情を具し陸軍省に対してその請求を進達しなければならない。そして緊急の場合・不意の侵襲、内乱、暴動、国有財産に対する侵害又は郵便に対する侵害等に際しては、最も迅速な方法によっても、訓令を受ける遑がないときには、軍隊指揮官は訓令受領前においても情況に応じ、法律が許す限り適当な手段をとることができる。その際できれば速かに大統領に報告するために、陸軍省に詳細電信を以て報告しなければならない。この処置は憲法又は法律に基くものではなくて、単に陸軍規則によるのみであって、国家の自衛権に基くものであるとされている。

大統領の判断によって兵力の使用が必要であると認めたときは、さきに引用した法律（50 U. S. C. 204）により、宣言書が発せられる。しかしこの宣言は非常法の宣言ではない。

各州が連邦兵力の援助を請求せんとするときは

一　州議会から、もしも州議会が閉会中であるか又は当該緊急に応ずるため議会の召集の遑がないときは、州知事から大統領に対して兵力の請求をなさなければならない。

二　大統領は連邦政府がこの事件に介入すべきや否やを決定する。

三　その介入が決定されると大統領は宣言書を発する。

四　大統領は陸軍長官又は軍隊指揮官に対し、兵力の使用を命じ又は附近の州知事に対し民兵の召集を要求しなければならない。

五　大統領又はその命令を受けた者は、軍隊指揮官に対してその行動に関する訓令を発しなければならない。

これら五つの処置はそのいずれをも欠いてはならない。他の文事官憲の援助に関しても、これと同様の処置がとられなければならない。但し連邦官吏からの請求の有無に拘わらず、大統領は必要に応じ兵力を使用することができる。

法律の執行のために出動した軍隊は連邦軍隊の一部であって、総指揮者としての大統領の命令の下に行動し、他の文官の命令に下(ママ)に行動するのではない。軍隊はその軍事上の上官に対して直接責に任じ、軍隊における違法の行動に関しては、その命令又は請求が、他の文官からなされたものとして、免責されない。

文事官憲を援助するために出動した軍隊は

一　重罪を他に防圧する手段が存しないとき

二　重罪犯人を他に逮捕する手段が存しないとき

三　単独の暴徒が軍隊に対して投石したとき

においては、発砲することができる。

その他軍隊が委託を受けた建造物の保護のため、一定の地域に立入りを禁止するために、「死線」又は「射殺線」を設け、これをあえて通過する者があったときには、それを射殺することができる。

暴動鎮圧のため出動した軍隊は、普通法の原則に従い、やむを得ない場合に、武器を使用しても、それがために犯罪となることはない。

暴徒が軍隊を攻撃した場合には、これを排撃し、殺傷することができるばかりか、退散命令に応ぜずその数人を殺傷するのでなければ、暴動を鎮圧することができず又は暴徒を退散させることができない場合には武器を使用することができる。

集合した群衆に対して武器を使用する場合には、軍隊指揮官は予め警告を与えなければならない。武器の使用は戦術上の問題であって、軍隊指揮官が決定しなければならない。

洪水、火災、地震その他これに類する天災に際し軍隊の救援を要することがある。これがために詳細な規定が陸軍規則によってなされている。

州法律により、治安維持のため出動した軍人の民刑事責任を定義し且つ制限しているものがある。あるものは普通法の原則をそのまま、制定法の条文となし、あるものは憲法違反のおそれさえあるものがある。

一般に行わるる規定としては、民兵がその勤務中なした行為については民刑事責任が存しないとしている。二、この州においては勤務中なした行為については責に任ぜずとなしミスシッピー州ではフランス法制的に、「勤務執行中又は上官の命令に服従し」、モンタナ州では「今後通常裁判所により無効と判決されるような、いずれかの命令により」なされた行為に関する訴訟から免責し、ミネソタ州では、免責を「適法な命令の下において且つ職務執行中になされた」軍人の行為に限定し、マサチゥセッツ州では、文事官憲の援助のため出動したとき、発令者の命令が明らかにその権限を超脱していない限り、その命令に服従しても、民刑事の責任が存在しないとし、コネティカット州では、州法に抵抗し又は不法もしくは暴行的に集合した人が、州民兵により殺傷されても、当該軍人には民刑事責任が存しないとし、アラバマ州では、殺傷が「乱暴又は悪意でなく、及びいずれかの、見せかけの必要又は弁解が存しない限り」例外をなすとし、なお数州では原告が敗訴したときは、被告は三倍の費用を回復することができると規定している。

フランス

ここでも兵力の使用に関して厳重な文権優越が行われている。今ここでは資料の関係上第三共和国における当該制度に関して述べることとする。

一七九一年七月二六日―八月三日の騒擾に関しての公力に関する法律、同九月三日―一四日の法律(第八条　いずれかの正規軍(戦列)部隊は国内においては、適法の請求がなければ行動することができない。第一〇条　国内における公力の請求は、立法部によって定められた規則に従い、文事官憲に属する)、一八四八年六月七日の騒擾に関する法律、一九二三年五月二〇日の憲兵に関する統令、一九〇九年一〇月七日の統令である衛戍勤務令及び一九二九年一月一五日の公安の維持に関する軍隊の干与に関する、陸軍、内務、司法省共同訓令が存していた。

文事官憲の出兵請求権は、大統領が有する軍隊処理権と混同してはならない。前者は一定の行政及び司法官憲並びに上下両院議長(一八七九・七・二二の法律第五条)が、法律により制限され、しかも一定の目的のための兵力の参加を請求する権限である。共和国における秩序の維持は、文事官憲の責任であって、原則的には警察及び憲兵、補助的に軍隊により確保され、軍隊は文事官憲の請求がなければ出動することはない。文事官憲は軍隊の出動を請求する時機を決定する、唯一の判断者である。出兵の請求は一定の形式を以てする文書でなければならぬことを原則とし、とくにその目的及び場所を明記し、一定の軍事官憲にあてられなければならない。その請求が一定の形式を具備しているときには、軍事官憲はその目的及び内容を論議することなく、その執行をなさなければならない。この請求が継続する限りは、軍事官憲はその執行手段の唯一の判断者である。使用される兵額及び兵種の決定は軍事官憲に属し、その決定に際して請求官憲により表示された意見及び自己が処理することができる兵力等を斟酌しなければならない。もしも軍事官憲が適法に文事官憲から出兵の請求を受け、これを拒絶したときは、刑法第二三四条により処罰され、上官から出動の命令を受け、その命令に服従しない者は、軍司法法（一九二八・三・九）第二〇五条により処罰される。

軍隊は左にかかげる三つの場合においてのみ兵器を使用することができる。

一　暴行が軍隊に対してなされたとき

二　軍隊が占守している土地又は委託されている場所を、他に防衛する手段がないとき

これら二個の場合は、一七九一年七月二六日—八月三日の法律第二五条により規定されている。

三　その他の場合においては、軍隊の文事官憲の請求がなければ行動することはない。一八四八年六月七日の法律第三条の条件によるのでなければ兵器を使用することはできない。

この法律はさきに引用されたイギリスの暴動法の趣旨に基いており、すでに一七八九年一〇月二一日の法律及び一七九一年七月二六日—八月三日の法律第二六条及び第二七条等においてもそうであった。なおさきに引用したわが刑法第一〇七条の三回の解散の命令も、このフランスの法律の影響によるものであろう。

一八四八年六月七日の法律第三条によるに、武装し又は武装してはいない暴徒が公道にあるときは、市町村長又はその事故があるときには、その他の執行官吏が国旗を携え騒擾の現場に赴かなければならない。そして太鼓を打ち（もしもこれがないときは、「気をつけ」の号令を以て）地方官吏の臨場が告げられ、群衆が武装しているときは、地方官吏はこれらの者に対し解散及び退去の勧告をなさなければならない。第一回の勧告が効力を生じないときは、太鼓の打撃がさきだつ第二回の勧告がなされなければならない。そしてなお群衆が抵抗するときは、強力によって解散せしめられる。群衆が武装していない

ときは、地方官吏は第一回の太鼓の打撃後その解散を命じ、もしもなお退散しないときは三回の勧告を続け、なおも抵抗するときは、強力を以て解散させることができる。

武装した軍隊が暴徒の前にあって、前にかかげられた二つの場合の一に該当するときは、兵器の使用に関して一八四八年六月七日の法律第三条の規定を遵守することを要しない。しかし軍隊指揮官は、急速な攻撃が防禦手段を奪取しない限り、攻撃者に対し一回又は数回の太鼓の打撃、「気をつけ」の一回又は数回の号令又は大声の繰り返した告知によって、兵器の使用が命ぜられたことを告げなければならない。そしてその行動開始前に、軍隊の安全又は軍隊の名誉に委せられた場所の保全が許容する限り、一定の時間の経過をなさしめなければならない。

軍隊の出動を請求した文事官憲が、文書又は官報電信を以て、出兵の請求の取消を通告するのでなければ、軍隊は引き上げてはならない。

プロイセン・ドイツ

旧制ドイツにおいても治安の維持及び法律の執行のための軍隊の出動に関して、いわゆる「請求主義」Requisitionsprinzip が行われていたが、英米仏における当該制度とは異って、統帥権独立の制の下において、軍隊の自己の責任に基く出動が頗る広範囲に渉って承認されていた。

バイエルンにおいては、一八一八年五月二六日の憲法第九編第六節により軍隊は厳格な請求主義の下にあった。一八五一年五月四日の法律的秩序の維持に関する、軍隊の干渉に関する法律によって、その詳細が規定され、軍隊の発意による出動が認められず、この法律は帝国時代においても有効に存続した。

プロイセンでは一八二〇年一〇月一七日の勅令、一八三七年三月二〇日の兵器使用に関する法律及び一八三五年八月一七日の勅令第八条ないし第一〇条等の規定は、一八五〇年の王国憲法第三六条に規定する法律として適用された。第三六条によると

軍隊は国内の不安鎮定のため又は法律の執行のため、法律によって定められた場合及び形式において、且つ文事官庁の請求によってのみこれを使用することができる。この最後の関係においては法律が例外を規定しなければならない。

と規定されていた。この憲法施行後において、本条に規定する法律として新たに一八五一年の合囲状態に関する法律のみが規定された。

本条の成立過程は次の如き順序を以てなされ、プロイセンにおいて兵権が順次に強化されたかを知ることができる。一八四八年五月政府提出にかかる原案中には、当該条文が存在せず、憲法制定議会における修正案シャルト・ワルデック第三八条は、

武装した勢力（軍隊・著者註）は憲法に義務づけられる。軍隊は国内の不安の鎮圧のために、法律により定められた場合及び形式において、文事官庁の請求に基いてのみ使用される。

と規定せんとし、同年一二月五日の欽定憲法第三四条においては、

武装した勢力は、国内の不安の鎮圧及び法律の執行のため、法律により定められた場合及び形式において、文事官庁の請求のみに基いて使用されることができる。

と規定した。このように欽定憲法第三四条においては、シャルト・ワルデック第三八条の前段の規定は採用されなかった。

国民議会の憲法委員会において規定せんとしたところの、「軍隊は国内の不安の鎮圧のため、すなわちそれ自身では軍事的でなく、警察的な目的のために、文事官庁の請求においてのみ、すなわち自身からではなく干渉することを要する」との条項に関しては、理由書が添附されていなかった。しかしその動機は明瞭に認識され得る。シャルト・ワルデック第三八条の規定は、旧プロイセンでしばしば行われた文武両権の混合に対して向けられたものであるからである。かの警察事項における、軍人の共同統轄は、しばしば共同ではなく、軍人の単独統轄となり、警察事項においてのみならず、他の行政事項においても、地方文事・都市官庁を、衛戍司令官の部下である地位に押し下げた。このような制度は一八世紀に行われていた。一九世紀前半においては、形式的には廃止を見なかったが、実際においては廃絶に帰した。それにも拘わらず一八四八年の三月革命の記憶はこのような制度を承認せず且つ廃止するがための憲法条文が望ましかったほどなお生き生きしていた。

プロイセン議会第一院の中央委員会は、右条文により実現された兵権の制限を承認した。それは一方では、専横を予防し、そしてとくに公衆に対して軍隊を非難から取り除き、軍隊に対し人民と官庁の間に起るべき争議に際し、確固であり且つふさわしい地位を与えなければならないとした。しかし要塞に関しては、例外を認めなければならないとの条件を附した。右条文に適当な追加をなすべき旨を勧告した。第一院は右に従って議決した。

第二院の修正委員会では意見が分かれた。委員会の多数の委員は軍隊が命ぜられないでなすところの、警察権の行使の権限は、これを要塞都市に限定しないで、一般にも認め、だがしかし専横にならないように、「法律により認められた場合及び形式において」のみこれを認め、第一院の要塞に関する例外規定及び「文事官庁の請求により」(この規定は軍隊及びその司令官に対する、いわれのない不信用を表示するものとされた) を削らんとした。これに反して第一院の決議はあまりに行き過ぎているとなされ、欽定憲法第三四条をそのままにしておくことは、もしもこの規定によって自衛及び正当防衛のためにする軍隊の干渉も、また文事官庁の請求によらなければならないとするならば、容易ならぬ事であるとした。第二院の総会は、右両院の中間をとって、文事官庁の請求に関して例外を認め、これを法律を以て規定することに改めた。かくして修正憲法第三六条の規定がその成立を見た。

一八五一年三月一日の「軍隊の兵器使用及び治安維持のためにする軍隊の協力に関する」陸軍省訓令は、その後数次の改正を経て、一九一三年一一月の、かの有名なツァベルンZabern事件に至った。この事件は同年一一月ツァベルンにおいて、軍人に対して継続的暴行及び軍事勤務の妨害があった際、歩兵第九九連隊長がなしたツァベルン城の広場における、人民の退去及び逮捕に関して生じたものである。これもドイツにおける軍人と自由な市民の対立の一例にすぎなかった。この事件に際し古い一八二〇年の命令によって、軍事官憲が文事官庁の請求によらないで出動した。なおこの命令は一八二〇年以来一九一三年までにおいて一回も適用されなかった。その上プロイセン憲法第三六条の規定に拘わらず、この命令が依然効力を有しているかが疑問であった。憲法第三六条がどんな場合において、軍事官庁が文事官庁の請求なくして出動し得るかを法律によって定めると規定していた。そこで帝国議会は新規に立法せんとし、一九一四年一月二四日に、文事行政に関連する軍隊の権限を定める法律案を準備せんとした。すなわち市民的法治国的な制度に基いて、この事項は統帥官庁の内部的権限にかかわらないで、文事行政及び市民に対する権限であるから法律の制定を要するとなした。政府が帝国議会の要求を単純に承認しなかったことは、第二帝国の憲法現実に関して重大な意義を有した。ところが皇帝は一九一四年三月一九日にその統帥権に基いて、軍人の兵器使用並びに国内の不安の鎮圧に際してその協力に関する勤務規程を発した。この改正によって、軍隊が自己の発意による出兵に関しては、従前よりも厳重な制限が加えられるに至った。この命令によって一八二〇年の命令が制限されたことは決定的ではなく、この制限が議会の決議によらないで、皇帝の統帥権による一方的な行為によってなされたことが、むしろ決定的であった。そしてこの勤務規程は公布されなかった。帝国議会において社会民主党及び進歩党はこの制定に対して反対したが、他の市民的政党は断念した。

右によって皇帝の統帥権が、第一次世界戦争勃発まで完全に確保され、且つ統帥権が文事行政に対する軍事権の制限及び国内の不安に対する関与権に関するところでも主張されたことが、明らかになっている。政治的原則の強度さは、限界的及び過渡的問題における、その奏効に関して最も明瞭に現われる。皇帝の統帥権が、市民的法治国的な見解によると、立法権に無条件に属せしめられなければならない境界領域において、その適用にかかる限り保存されたことは、第二帝国の末期においても、軍制が皇帝の統帥権に基いていたことを確定している。ツァベルン事件は、プロイセン・ドイツにおいて、立憲主義的制度の、すべての軍事的争闘の最後の終結をなした。ここに議会の権力要求が却下され、陸軍は「議会軍隊」とはならないで、「君主軍隊」として存在した。

一九一四年三月一九日の勤務規程はどんな内容を有していたであろうか。その第二編において、治安維持及び法律の執行に関する兵力の使用が規定されている。

文事官憲の請求に基く軍隊の出動に関しては、英米仏に行われている当該制度と大同小異である。

軍隊が文事官憲の請求をまつことなく出動する場合の中に、国内の不安の場合において、軍隊に対する攻撃を排除する場合が包含されることは勿論である。

一　戦時又は合囲状態が宣告された地域

二　公安に急迫な場合において、文事官庁が外部の状況により請求を発することが不可能なときにおいては、国内の不安を鎮定し且つ法律の執行のために文事官庁の請求をまつことなく、軍隊は独立に参加することができるばかりか、これに参加しなければならない義務を有する。この第二の場合は一八二〇年一〇月一七日の勅令中の規定をそのまま包含せしめないで、文事官庁が単に躊躇するだけでは、軍隊の自己の発意による出動を認めないで、公共の安全が急迫な場合において、文事官庁が物的障礙によって軍隊の出動を請求することができないか又は強迫その他によってこれを妨げられたとき、これをいいかえれば、文事官庁が自己の意思に反して請求をなすことができない場合に限って、軍隊自身の発意による出動を認め、従前よりもその出動に関して厳重な制限を加えるに至った。

公共の秩序の維持のため出動した軍隊は、衛兵、巡察、護送勤務等において、攻撃もしくは抵抗の克服、その防圧、逃亡の抑制、委託された人もしくは物件の保護のためには、文事官庁の請求をまつことなく、自己固有の権利に基き、何時にても必要に応じ、兵器を使用することができる。これは一八三七年三月二〇日の法律が規定するところである。

秩序の維持又は法律の執行のため、軍隊が出動したときにおいて、どんな兵器を使用すべきかに関しては、常に軍隊指揮官がそれを決定し、迅速且つ正確な目的達成の方法を選ばなければならない。群衆の退散をなさしめるためには、出動した軍隊の指揮官は、三回の警告を与えた後、効果がないときに限って兵器を使用することができる。これは一八三五年八月一七日の勅令第八条に基くところである。そして退散命令をなしいる際に、軍隊が現実に攻撃を受けたときには、直に兵器を使用することができる。

共和国（ワイマール）憲法によると、軍隊は純然たる共和国軍隊となり、兵制に関する立法（第六条第四号）、ライヒの防衛（第七九条）及び軍隊に対する命令権の行使は、共和国の管掌事項となった。共和国憲法の制定によって、軍隊は法治国における組織の一部となり、かつて有した文事官庁及び軍事官庁の政治対立に関する意義は失われるに至った。

一九二一年三月二三日の国防法第一七条は共和国憲法第四八条第一項及び第二項による兵力使用の場合を除き、その領域内における兵力使用を規定している。この第一七条第一項――公共の危急又は公共の秩序の危険の場合においては、軍隊は各邦政府又はその指定した官庁の請求により、援助を与えなければならない。そしてその依頼が、自己の力が充分ではない場合に限定されている。第二項により

(一) 官庁が軍隊の出動を請求することが、不可抗力により不可能なるとき、又は

(二) 軍隊に対する攻撃又は抵抗を拒否するときにおいてのみ

軍隊の発意による出動が認められている。ここに一九一四年の、さきにかかげられたものよりも、軍隊の出動が更に制限されている。

国防法第一七条第一項中において、軍管区司令官又は鎮守府司令長官並びに援助の請求を受けた軍隊指揮官は、重要な軍事的理由により、その請求に応ずることができないと認めたときは、直に国防大臣の裁定を求めなければならないと規定している。兵器使用に関する追加勤務規程を見るに、文事官庁が当該地方の軍隊に出動を請求したときにおいて、請求を受けた軍隊指揮官は、その請求された出動それ

自身が政治的に必要且つ適切であるかないかを判定する権を有せず、真の政治的性質に基く根本的な決定に対する責任は、請求文事官庁においてこれを不可分に負担しなければならない。しかし軍隊指揮官は援助が軍事的見地から与えらるべきか否かに関して判定する権を有するとなしている。この追加規程が制定されたときには、未だ国防法は制定されてはいなかった。

国防法第一七条中の「軍事的理由」とは、出動に当たるべき軍隊の不在、任務達成のため当該軍隊が全く不適当なこと又はこれに先行する対立した命令が存在すること等があげられ、いずれもこれらの妨害的事情が純軍事的性質を有するものでなければならない。そして実際問題としてはその解決は困難であったであろう。

軍隊出動後においては、軍隊指揮官は文事官庁が指定した目的達成のための手段を決定し、出動した軍隊の命令権は文事官庁には属しない。ある場合には、少数の部隊は、その上官の命令によって、一時的に文事官庁である、保安警察隊に従属せしめることもできた。

ドイツでは、文事官庁に対して、軍隊の出動の請求権のみを認め、フランスの制度のように軍隊の引揚げ又は他の方面にこれを向わせるような権限を認めなかった。

日本

わが国においては、西欧諸国と異って統帥権独立の制がとられたために、法律の執行及び秩序の維持のために、文事官憲の請求をまつことなく、軍隊が自己の発意に基いて発動することが厳重にコントロールされてはいなかった。これはいうまでもなく国民個人の権利が尊重されていなかったことに基くものである。

わが国における兵力使用に関しては、多くの他の制度とともに文権優越に基くフランスの当該制度が採用され、これが統帥権独立の制が採用された後においても長い時間に渉り廃止されなかったことは、ここにもわが軍制がいかに自然発生的でなかったかを露呈せしめている。

明治初年以来の当該制度の一々の変遷に関しては、ここに省略する。明治五年兵部省第二東京鎮台条令第四条

鎮台属兵隊ノ動静ハ兵部卿ノ権内ニ在ルヲ以テ其令ニ由ラスシテ一卒ヲモ兵事ヲ以テ動カス可カラサル事

に規定された主義に基いて、地方の警備及び治安維持のためにする出兵（第五条以下）が、地方官の請求によらなければならないとし、通常の場合には兵部省の命を受けしめ、事急なるときには地方における司令官において出兵をなすことを得せしめた。だが、しかし地方官の請求によらない出兵は全然認められなかった。ここに文権優越が認められ、この制度がフランスの当該制度の継受であることは言をまたないところである。

明治一一年一二月参謀本部の独立を以て契機とする、統帥権独立の下における、出兵制は、どんな変化を見たであろうか。明治一二年太政官第三三号達鎮台条例（第二六条ないし第三六条、第五四条等）又は明治一八年太政官第二一号達鎮台条例改正ノ件（第九条ないし第一四条、第二四条、第二五条、第二八条ないし第三一条等）においても、依然として厳重な請求主義が維持された。

明治二一年五月勅令第二七号師団司令部条例第四条

師団長ハ不虞（ママ）ノ侵襲ニ際シ師管内ノ防禦及陸軍諸官廨諸建築物ノ保護ニ任ス
府県知事地方ノ静謐ヲ維持スル為メ兵力ヲ請求スル時事急ナレハ師団長直ニ之ニ応シテ後陸軍大臣及参軍ニ報告スヘシ若其事変危険ニシテ府県知事ノ請求シ能ハサル例外ノ場合ニ在テハ師団長ハ兵力ヲ以テ便宜事ニ従フコトヲ得

との規定によって、請求主義に対して重大な例外を認められるに至った。これは当時における他の制度とともに、ドイツの制度の影響の下に制定されたものである。この規定はプロイセンの、一八二〇年一〇月一七日の勅令の趣旨に則り、これに基いて、ツァベルン事件に鑑み、兵権を制限するに至った一九一四年三月制定された兵器使用に関する勤務規程にも類似している。

次いで改正された明治二九年五月勅令第二〇五号師団司令部条例第四条第二項においては、

地方長官地方ノ静謐ヲ維持スルカ為メ兵力ヲ請求スル時事急ナレハ直チニ之ニ応スルコトヲ得共事地方長官ノ請求ヲ待ツノ遑ナキ時ハ兵力ヲ以テ便宜処置スルコトヲ得

と規定されるに至った。この主義はなんら変更されることなく、太平洋戦争終結に至った。この制度はさきに述べられたプロイセンの、一九一四年の勤務規程以前の制度に類似し、ドイツにおけるとは、正反対に統帥権が累進的に強化されたことは、とくに注目に値する。

わが兵力の使用に関しても、また兵器の使用に関しても、法律による授権はなく、一に天皇の統帥権に基いて規定されていたことは、われわれ国民の権利が如何に尊重されていなかったことが、ここにも現われている。

衛戍勤務における兵器使用に関する、最初の規程は、明治二四年陸達（天皇の允裁を得た、いわゆる

「ラル達」）第一六七号衛戍服務規則第四七条であり、これは単に軍隊内部における軍人の服務に関する規則であって、兵器使用に関する法律の授権によるものではなかった。その内容とするところは、次の如きものである。

衛戍服務ノ軍人兵器ヲ実用シ得ルノ場合左ノ如シ

一　暴徒群集シテ暴行ニ及ハントスルニ際シ命令ニ依テ之ヲ解散セシムヘキ時

二　囚徒暴行脅迫ヲ以テ護送兵ニ抵抗シ若クハ逃亡セントスル時

三　護送兵人馬又ハ材料ヲ防衛スル為メ必要ナル場合ニ臨ム時

前項ノ場合ニ於テ兵器ヲ用フルハ唯其目的ヲ達スルニ必要ナルヲ限リトス且ツ実弾ヲ発射スルハ特ニ命令アルカ又ハ形勢万止ムヲ得サル時ニ限ル

如何ナル場合ニ在テモ凡テ兵器ヲ実用シタルトキハ其事実ヲ詳記シタル報告書ヲ衛戍司令官ニ呈スヘシ

衛戍司令官此ノ報告ヲ受クルトキハ之ヲ審査シ且之ニ意見ヲ附シ順序ヲ経テ陸軍大臣ニ具申スヘシ

この規定は明治四三年軍令陸第三号衛戍勤務令第一二の制定に至るまで有効であった。この規定は、プロイセンの一八三七年三月二〇日の兵器使用に関する法律及び一八五一年五月一〇日の軍人の兵器使用に関する訓令に類似している。

明治四三年軍令陸第三号衛戍勤務令

第十二　衛戍勤務ニ服スル者ハ左ニ記スル場合ニ非サレハ兵器ヲ用ユルコトヲ得ス

一　暴行ヲ受クルトキ又ハ兵器ヲ用ユルニ非サレハ鎮圧スルノ手段ナキトキ

一　人及土地其他ノ物件ヲ防衛スルニ兵器ヲ用ユルニ非サレハ他ニ手段ナキトキ

とあったが、大正五年軍令陸第五号を以て、右第一二第一項第一号は次の如く改正され、この主義が終戦に至った。

一　暴行ヲ受ケ自衛ノ為止ムヲ得サルトキ

一　多衆聚合シテ暴行ヲ為スニ当リ兵器ヲ用ユルニ非サレハ鎮圧スルノ手段ナキトキ

これらの規定は、ここに一々比較対照するまでもなく、西欧の当該制度の影響を受けており、法律の授権に基かなかったことを特徴となしている。尤も右場合中刑法第七章「犯罪ノ不成立及ヒ刑ノ減免」に関連を有する場合もあったであろう。

第一〇章　非常事態の処理

概　説

非常事態の処理に関し西欧においては、二つの措置が行われている。その一は非常法又は軍法 Martial Law 又は Rule と呼ばれ、英米両国において行われ、その他は合囲状態法又は戦時状態法であって、フランスに始められ、プロイセン・ドイツ及びわが国等において行われた。後者はわが国においては「戒厳」として知られている。「戒厳」とはシナに生じた表現であって、敵が来たるおそれがあるから備えをなすという意味を有しており、これが西欧の合囲状態法を呼称するために用いられている。

非常法とは本来の意味においては、通常の法の停止及び軍の裁判所による一国の全部又は一部の支配である。そして軍人の行為を規律し且つ常人には適用されない軍法並びに占領軍の司令官が占領地住民に押しつける法から差別されなければならない。

合囲状態法の下においては、非常事態に際し、議会が合囲状態を宣告し、国民の権利が停止され、通例の統治方式が変更せしめられ行政権又は司法権の全部又は一部が軍事官憲に従属せしめられる。

イギリス

イギリスの憲法制度の下においては、非常事態に関する恒久的な規定を有していない。

イギリス領土内における非常法の執行は、正確にいうときは、三種類に区分することができる。

(一) 法律の規定によるもの　たとえば一八〇三年の、アイルランドにおける反徒鎮圧法は、軍隊指揮官に対して、非常法に従い、死又はその他により、叛徒を処罰し得ることを認めた。そして裁判所もこの法律を遵守するより外に途がなかった。

(二) 法律の委任に基き執行官が非常法を執行するもの　一八六七年以前において、イギリス植民地では法律により叛乱又は侵襲に際し、総督が自己の判断に基き非常法を宣告することができた。

(三) 法律の授権に基かない非常法の執行

(い) 国王がその特権に基いて非常法の宣言をなすことができるとするもの　この説によると、国王は一定の危急に際しその特権に基いて非常法により通常法を停止し、その宣告をなすに際しての判断の錯誤は、議会又は政府（国王の代表者が宣告をなした場合）により非難されることができるが、裁判所には出訴することができない。

(ろ) 国王は危急に際し非常法に代えるに、その専断的権力の使用をなすことができるとするものこれは一六二八年の権利請願により認められたとなすものである。暴動に際し国王は国王及び臣民により負担された平和の回復には、実力を使用することができるとする、普通法による権利を有する。その結果に関しては通常裁判所が「必要」の基礎においてのみこれを免責することができる。

国王の特権説(い)においては非常法の宣告の事実が、非常法の適法性の唯一の限定要素であって、その反対説(ろ)に基くときは、この宣告は単に通告にすぎず、法律上の効果をもたらすことはない。非常法の宣告は合囲状態の宣告とは全然相違し、後者の宣告のように将校兵卒に対して新しい権能を付与するものではなく、秩序の回復を政府が軍隊によりなさんとする注意又は警告を与えるにすぎない。必要が存在する限り、この宣告がなされないでも、秩序回復の手段の実施・強力の使用をなすことができ、宣告は単にある事実の存在の告知に過ぎない。

非常事態に際し治安維持のためとるべき抑圧的手段に関しては、イングランド(裁判所を含む)において承認され、その目的のためにする強力の使用は、国王が有する特権に基くものであるとなす者があるが、これは国王が有する権力であるのみならず、忠良な臣民の権利義務であるとなすのが正確であろう。そしてアメリカにおいても、この点に関し種々の抑圧的手段が認められている。

暴徒鎮圧中軍事官憲は、必要の範囲において人民の殺傷をなすことができる。しかし暴動又は内乱の罪を犯した者に対して、刑罰的手段として、通常裁判所によることなく、軍事裁判所において処罰することができるかできないかに関し議論が存している。

アイルランド、英帝国内の国家及び王領植民地においては、イングランドとは異った慣行を生ぜしめている。各地の裁判官は常にすべての点において一致してはいないが、次の三点は英帝国の国法として成立しているようである。

(一) 戦争状態(内乱を含む)が現実に存在し又はその急迫している場所では、裁判所の全部又は一部が開廷していても、非常法は適法に存在する。

(二) 裁判所は戦争状態及び非常法に対する必要の存否を自ら決定する。

(三) 一度戦争状態が立証されたときは、裁判所は、軍事官憲が適当であると認めた処置に対して何等干渉をなさない。

非常法の終了に際し、英帝国においては、免責法を制定するを以て常例とする。アメリカ連邦では憲法上の困難を伴うから免責法が制定されることが尠い。

アメリカ連邦

連邦憲法中には非常法に関する規定を包含していない。憲法は国会又は大統領に対して非常法を宣言する権限を明示的に付与してはいない。実際においては国会は大統領に対し法律を執行し且つ秩序を維持すべく、その必要と認めるような権力を使用するために広汎な権限を委任している。それ故大統領はこのような激烈な救済に訴えることを必要ならしめる時機及び状況を判断しなければならない。

非常法と法律の執行及び秩序の維持のためにする軍隊の使用は区別されなければならない。非常法の下では将校は一定の地域において完全な指揮権を付与され、通常裁判所が閉鎖され、非常法が行われる。慣行によると、非常法の執行中は軍人を以て組織される「軍事委員会」Military Commission が組織される。この種の裁判所は軍法会議とは厳重に区別されなければならない。軍事委員会は軍隊指揮官の命令により設置され、これを規律すべき法律が存在しない。なおこの委員会は連邦裁判所の一部をなさず、従って連邦裁判所によって司法審査され得ない。その組織は軍法会議に類似しているけれども、必ずしもこれに一致せしめることを要しない。その管轄は民事事件には及ばない。その管轄権は

(一) 軍又は国家の安全に関する犯罪及び戦時国際法の違反

(二) 通常裁判所が閉鎖され、通常に処理することができない通常犯罪

に限定され、軍事委員会の判決は、非常法の終了後においても効力を有するか有しないかに関して議論があり、通説としては判決は非常法終了後その効力を失うとなされている。

軍隊が、軽微であり、孤立した騒擾に際して、衝突地域に派遣されたようなときには、軍隊は通例文事官憲を援助すべく派遣される。この場合においては、軍隊は執行官と同様な職務を行う（自己の責任では何事もなさないで）。違犯者は通例の方法で逮捕され、通常裁判所で審理される。

非常法は裁判所が開廷し、その本来の管轄権が妨害されないで行使されているときには、決して存在することができないと判示されている。

アメリカの歴史を通じて平時において非常法が宣告されたことはない。制限された非常法は第一次世界戦争後二度宣告されたといわれている。

非常法の宣言は通例人身保護令状の停止を以て伴われる（連邦憲法第一条第九節）。しかし憲法中には何人がいつ公安が令状の停止を要するかを決定するかに関しては規定されていない。最高裁判所はその初期の判決において、令状の停止は国会の権限であると判決した。南北戦争中大統領リンカーンがなした令状の停止が違法であると判決され、国会が令状の停止を承認する立法をなし、リンカーンはこれによって令状を停止し、最高裁判所もこれを承認した。大統領の令状停止権は必ずしも確定的に決定されてはいない。多数説によると、これがためには国会の立法を要するとなさしめられている。なお令状は作戦地帯以外において停止され得るかに関し論争され、多数説によると、令状は作戦地帯以内において

のみ停止され、しかも通常裁判所がその職権を行使し得ない場合に限定されている。

フランス

合囲状態法は革命以来種々の変遷を経て制定され、西欧諸国に行われ、わが国においても採用されていた。この法律の最後に発展した形態としては、次の如きものがある。

一　国民の基本的権利は合囲状態の下においても、特別の規定が存在しない限りこれを享有し行使せしめる。

二　合囲状態の宣告と同時に、執行権は軍隊指揮官に移転し、同官は停止することができる基本権に関して各種の命令をなすことができる。

三　右宣告と同時に例外裁判所が設置される。

四　戒厳司令官である軍隊指揮官は一定の任務を課せられた弁務官となる。

合囲状態の宣告は、原則として議会によってなされ、もしそうでないときには政府がこれをなし、その宣告後これを議会に通告しなければならない。

合囲状態は議会により解止され、政府は議会に対し、そのとった処置に関して責任をとらなければならない。

フランス革命以来合囲状態に関する法制の発展に関する一々の経過に関しては、ここに省略する。

一七九一年七月八―一〇日の法律（第三共和国においても、その大部分が有効であった）は、軍事技術的規定であって、要塞の維持及び分類、要塞における文武官憲の関係、建築物の維持及び管理、軍隊の宿営、要塞の行政、要塞の警察等に関するものが包含されている。

第五条以下において、要塞における三状態、平和、戦争及び合囲の状態を規定し、第六条により、要塞が平和状態にあるときは、要塞における軍事官憲は本法律により指定される者の勤務に関する事項を管掌し、文事官憲が治安の維持に任ずる。第七条により、要塞が戦争状態にあるときは、文事官憲は秩序及び内部的警察を管掌し、軍隊指揮官の請求によって要塞の安全に関する秩序及び警察に関する手段をとる。第一〇条により、要塞が合囲状態にあるときは、秩序及び内部的警察の維持のため、憲法により文事官憲に与えられた権限は、軍事官憲に移り、軍事官憲は自己の責任の下にこれを行使する。

この法律の下においては、現代の法制のように、未だ執行権の移転が認められてはおらない。なお同法は要塞以外における、戦争及び合囲状態の宣告、外敵の攻撃、内乱及び騒擾等に関しては何等規定してはおらない。

この法律によると、合囲状態とは、要塞が攻撃されるか又は要塞が外部との交通をたたれたときに、現実に存在する事実上の状態である。戦争状態は宣告さるべきものであって、立法議会が議決した後、国王が宣告し、またもし議会が閉会中であるならば、必要に際し国王は議会の承認を受ける条件の下に、宣告することができた。そして緊急の場合には司令官は国王の命令を受けることができない限り、防御に関して必要な手段をとることができた。このように戦争及び合囲の二状態はいずれも全く事実上の状態であって、まだ法律上の擬制を伴わなかった。

一七九三年六月二二日国民議会は、要塞以外の地においても、合囲状態を認めることとし、事実上の合囲状態の外に、法律上の擬制としての合囲状態の宣告の制を始めるに至った。共和歴五年の二法律により国の内部、要塞以外の地においても、戦争及び合囲の二状態を認め、ここに「政治的」合囲状態という観念を生ぜしめられた。共和歴八年の憲法第九二条では憲法停止の制を認めたが、まだ憲法の停止と合囲状態の関係を生ぜしめなかった。

ナポレオンは一八一一年一二月二四日の命令により、合囲状態の内容を拡張し、これを政治に利用せんとした。この命令では一七九一年の法律と同様に、要塞の組織及び勤務を規定し、平和、戦争及び合囲の三状態に分ち、戦争は命令により宣告され、合囲状態は命令により宣告され、合囲及び強力による攻撃又は要塞地における不法の集合等によって決定され、その命令による宣告を以て、現実の合囲状態の外において、擬制的合囲状態を定めることができるとなした。この命令においても、未だ合囲状態に基く憲法の停止に関して規定はなされなかった。合囲状態において軍事的見地から人民の自由を侵害することがあっても、その合囲状態が外敵に関するものである限り、憲法の停止は必要ではないとなされ、この侵害が内政の反対者に対する限り憲法違反であるとなされた。

一八一五年四月二二日の追加憲法第六六条において、始めて憲法により合囲状態に関する規定が置かれた。内乱の場合における合囲状態は、法律によるものでなければ宣告することができないとし、自国民に対して軍の行動をとるべく、兵力の使用をなすべき決定は、皇帝がこれをなすことができないとした。なお未だ憲法の停止と合囲状態の関係に関しては、憲法中に規定されなかった。

一八一四年の王政復古に際しての欽定憲法第一四条により国家の例外的権限が認められた。一八三〇年七月二八日に至り、一八一一年一二月二四日の命令第五三条、第一〇一条ないし第一〇三条によりパリに合囲状態が宣告され、この宣告は全然軍事上の性質を有するものとなされ、人民の権利の停止は欽定憲法第一四条によってなされた。ここに七月革命が勃発し、次いで修正されるに至った一八三〇年八月一四日の修正憲法（シャルト）第一三条はさきの欽定憲法第一四条を修正し、法律の停止又はその執行の免除を禁止した。なお同憲法中には合囲状態に関する規定が存在しなかった。

一八三二年六月国王は令令(ママ)により合囲状態を宣告したが、法律の委任によるものではない。一八四八年六月二四日国民議会はパリに対して合囲状態を宣告したが、その結果翌年八月九日合囲状態法が制定されるに至った。

一八五二年の憲法第一二条により、大統領は一県又は数県に対して合囲状態を宣告することができるが、それを遅滞なく上院に報告しなければならないとし、合囲状態に関しては、法律（一八四九・八・九法律参照）によって規定されるとなされた。

第四共和国においても合囲状態の制が存在しているが、今その資料を欠くから、ここでは第三共和国の下における当該制度に言及する。

一八四九年の合囲状態法（第一条ないし第三条及び第六条は一八七八年四月三日の法律により廃止、第八条は一九一六年四月二七日の法律より改正）、一八七八年四月三日の合囲状態に関する法律並びに一九〇九年一〇月七日の衛戍勤務令（統令）第二編が当該規定であった。

合囲状態は外国との戦争又は内乱による緊急な危険の場合に限って宣告することができ、法律によってのみなされ、議会閉会中に限り大統領もなすことができる（一八七八年の法律第一条ないし第三条）。なお軍隊指揮官は一七九一年七月一〇日の法律第一一条、一八一一年一二月四日の命令第五三条（一九〇九年の衛戍勤務令第一五五条第二項）により、

一　要塞等が敵軍により合囲され、内外の交通が断絶したとき
二　不意の襲撃等を受けたとき
三　要塞等の安寧を急迫ならしめるような内乱が起ったとき
四　許可なく要塞から一〇キロメートルの地域内に武装した集合があったとき
には、合囲状態を宣言することができる。この場合には軍隊指揮官はその旨を陸軍大臣に通告しなければならない。

合囲状態が宣告されると、秩序及び警察の維持のため、文事官憲に与えられた権限の全部は、軍事官憲に移転し、文事官憲はそれにも拘わらず軍事官憲が剥奪しない権限の行使を続行する。軍事官憲はそこで警察権を行使することとなり（一八四九年の法律第七条）、命令を発するには、一八八四年四月五日の法律第九六条により、定められている形式及び公示の方法によらなければならない。この命令の違反者は、特別の法律に特別の規定が存しない限り、刑法第四七一条第一五号により、行政官庁の適法の命令に対する違反として罰金に処せられる。

軍事官憲は一八四九年の法律第九条により、
一　昼夜の別なく人民の住居における捜索をなし
二　処刑者及び合囲状態にある地域に住居を有しない個人を退去させ
三　兵器弾薬の引渡しを命じ、その捜索及び取除きをなし
四　不秩序を生ぜしめるような文書の発行及び集会を禁止することができる。
参事院は合囲状態の宣告そのものに関しては、何等の行動に出ることができない。だが合囲状態の下

で軍隊指揮官がなした行為に関しては、その権限の濫用があったときには、通常の司法的救済を与えていた。

合囲状態が宣告されている地方では、軍法会議が一定の犯罪を管轄することとなり、これを外国との戦争と内乱によるものとに区別し、すべての場合において、軍事官憲が訴追しない限り通常法の裁制権（ママ）が存在する（一九一六・四・二七の法律の改正による一八四九の法律第八条）。

一八五七年六月九日の軍司法法第八〇条においては、合囲状態の下に、要塞において、外部との交通が断たれたすべての個人は、軍法会議の判決に対して上告をなすことができないと規定した。これは上告の権利が人民の権利であって、その制限のためにとくにこの第八〇条の規定がなされている。

一九二八年三月九日の改正軍司法法第一三八条において、広く上告権（第一〇〇条以下）を認めることとなしたために、更に厳格な制限が加えられ、上告権の否認は戦時における合囲状態において、要塞に閉じ込められた個人に対してのみなされている。

合囲状態が解止されると軍法会議の裁判権は繋属中の事件に関するものを除くの外消滅するようになる（一八四九年の法律第一三条、一九二八年の軍司法法第一六〇条第三項）。

プロイセン・ドイツ

プロイセン絶対制の下では、国王は何等の制限を受けないで非常手段をとることができた。憲法の制定に際し人民の基本権*を戦時又は事変に際して制限することができるとの規定を設けんとした。

＊ ここでの基本権は自由主義的な、国家に先行しそれに超越する権利ではない。

一八四八年五月の政府提出の憲法原案第八四条においては、憲法第五条、第六条、第七条、第一五条及び第一六条に包含する規定を戦争又は暴動の際どの点まで一時停止し得るかに関して法律が規定するところによる。

とし、国民議会の修正案シャルト・ワルデック第一一〇条は、

戦争又は暴動の際特別の法律により、憲法第五条、第一三条及び第二六条の一時及び地方的の停止を、長くとも直後の議会開会まで宣言することができ、この場合において議会が召集されていないときは内閣の決議及び責任の下に、かの停止を一時的に宣告することができ、この場合においては両院は直に召集される。

と修正せんとした。

欽定憲法第一一〇条は修正憲法第一一一条とは大差なく、後者は次の如く規定された。

戦争又は暴動の際公共の安全に関し危急の場合には憲法第五条、第六条、第七条、第二七条、第二八条、第二九条、第三二条及び第三六条を一時的及び地方的に無効ならしめることができる。その詳細に関しては法律の定めるところによる。

一八四八年一一月一二日国王は司法大臣の副署を以て始めて合囲状態を宣告した。翌年二月二六日ベルリンに召集された議会はこの宣告を違法であるとなしたから、政府は憲法第一〇五条第二項により緊急勅令の形式で、同年五月一〇日の勅令を制定した。その内容はナポレオン一世の一八一一年一二月二

四日の命令に類似していた。政府はこの勅令を憲法修正議会に提出したが、討議がなされず、第一回議会に国王はこの勅令を以て「臨時に発した命令」として提出し且つ憲法第一一一条に規定する法律案ともなした。

この法律案が修正可決され、一八五一年六月四日の合囲状態法となった。ドイツ帝国憲法第六八条により「皇帝は連邦内において、公安が急迫に陥ったときは、その部分につき戦争状態を宣告することができ、右に関する帝国法律が発布されるまでは、一八五一年のプロイセン合囲状態法が適用される」と規定された。*

* プロイセン憲法第一一一条と帝国憲法第六八条の関係が明治憲法の草案起草者たちに、正当に理解されなかったために、明治憲法第一四条の戒厳に関する規定と第三一条のいわゆる非常大権に関する規定を生ぜしめ、憲法の解釈を著しく困難ならしめた。

帝国憲法第六八条の解釈に関し、戦争状態の宣告が皇帝の統帥権の作用であるとの論争があったが、その実際においては皇帝の当該命令には帝国宰相の副署が附せられていた。

プロイセンでは、合囲状態法第一条により、戦時に際し軍隊指揮官又は要塞司令官は、合囲状態を宣告することができ、第二条により暴動に際し公安に対し急迫な危険があるときは、軍隊指揮官又は要塞司令官が一時的且つ暫定的に合囲状態を宣告することができた。

合囲状態の宣告の公示とともに、執行権は軍隊指揮官に移転し、文事及び地方官庁は軍隊指揮官の命令に服従しなければならない（法第四条第一項）。

軍隊指揮官が執行権を行使するにあたって、その必要と認める命令を自ら発し又は当該文事官庁によって発せしめることができる。この公示に関してはなんらの規定は存しないが、既存の法律の拘束を受け、その命令に対しては、行政訴訟又はその他の行政救済が認められなかった。

軍隊指揮官は執行権の行使に関する命令に関し個人的に責に任ずる（法第四条第二項）。この責任は、刑事法的（刑法第三三九条、第三四一条、第三四五条、第三五七条参照）、私法的及び紀律的な責任に区別することができる。軍隊指揮官の責任は、その軍事上の上長に対して存在し、文事官庁又は帝国議会等に対しては存在しない（法第一七条参照）。

文事官庁が軍隊指揮官に対して無条件に従属したかしなかったかに関しては論争された。多数説によると無条件の服従を認め、軍隊指揮官の命令がたとえ公然違法であっても、そうであるとし、法第四条第二項に規定する軍隊指揮官の個人的責任は、その命令に服従した文事官庁の責任を全く排除するとなされていた。

合囲状態の宣告に際し必要と認めるときは、憲法（普）第五条ないし第七条、第二七条ないし第三〇条及び第三六条の全部又は一部を、地域的及び時間的に停止することができ、合囲状態の公示において明示的にその旨が宣布されなければならない（法第五条）。

合囲状態が宣告された地域では、その宣告に際し又はその状態が継続する間、軍隊指揮官が公安のために発した禁止を犯し又はその違反を勧誘しもしくは煽動した者は、他の法律に規定が存しない限り、法第九条ｂにより一定の刑に処せられる（法第九条ｂ、一九一五・一二・一一の法律参照）。

第九条ｂに基く軍隊指揮官の命令は、一般公衆又はその一部に対して通用されるものであって、軍隊指揮官がなすところの純粋の軍事命令と全然区別されなければならない。たとえば軍事上の保安を目的とする衛兵服務規程の如きは、第九条ｂに基くものではない。合囲状態法は軍隊指揮官に対して、人民に対する一定の権限を付与している。もともと軍隊指揮官は人民に対し、軍事的権限を以てしては、何事もなすことができない。人民とは全く分離されなければならない。ここに合囲状態法により始めて一種の、人的結合が生ぜしめられる。戦争の必要からなされる純軍事命令は、たとえそれが人民に対して向けられても、第九条ｂの意味における命令ではない。

法第五条により憲法（普）第七条の規定が停止されたときは、法第一〇条の規定により一定の犯罪（第八条及び第九条の規定に基く犯罪を含む）は、軍事裁判所の管轄となる（法第一一条ないし第一三条参照）。

法第九条ｂに基く命令の違反は、違反者が常人であるときには、その行為地に非常軍事裁判所が開設されているときはこの裁判所により、もしもそうでないときには通常裁判所、しかも刑事裁判所により管轄される。この禁止命令の違反を審理する裁判官は、その禁止に関し審査の権利及び義務を有するか否かを知らなければならない。裁判官はその禁止が必要且つ合目的的であるか及び公安のためにどんな程度に役立つかに関して審査する権利を有しない。公安がどんな規定を要するかの問題は、軍隊指揮官によってのみ決定され、その責任となる。軍隊指揮官の禁止が、第九条ｂに基くことが、外部から認識し得るときは裁判官は法律的に拘束される。もしもこのような証明が欠けるときは、裁判官はその禁止が公安のために発せられたかを審査しなければならない。

法第一四条により合囲状態の解止とともに、軍事裁判所の行動は終止する。その解止後軍事裁判所の後継裁判所は通常裁判所である（法第一五条参照）。

共和国憲法第一七八条により帝国憲法第六八条は廃止され、一八五一年のプロイセン合囲状態法も効力を失うに至った。共和国憲法第一〇五条により例外裁判所の設置は禁止され、何人も法律が定める裁判官の裁判を受ける権利を奪われることはなく、従って憲法第四八条第二項の適用にあたり、非常の際でもこれを停止することはできない。

共和国憲法第四八条第二項による独裁権は、国家の安全に関する超憲法的手段ではなく、憲法に基く、その維持に役立つ権限である。従前の合囲状態法とは異り、弾力性ある独裁権であって、形式的制限に拘束されることが尠い。そして第四八条第五項に基く細則的法律は制定されずに終った。

公共の安寧及び秩序が著しく破壊され又は危くされたときは、大統領はこれを回復するため必要な処置をなし、必要に応じ兵力を使用し、この目的のため憲法に定めた一定の基本権（第一一四条、第一一五条、第一一七条、第一一八条、第一二三条、第一二四条及び第一五三条）の全部又は一部を停止することができる。もしも大統領がこれらの処置をとったときは、遅滞なく国議会に報告しなければならない。その請求があったときは、その処置は効力を失う。

この制度はフランス法からプロイセン法、プロイセン法からドイツ帝国憲法に採用された合囲状態の制度に類似しているが、合囲状態においては一定の形式を尊重することが厳格であって、合囲状態の宣告により一定の範囲の確定した法律的効果とくに執行権の軍事官憲への移転を生ぜしめ、人民は予めその効果を知ることができたが、この制度の下では、形式的厳格性を有しない。憲法第四八条により軍隊が出動することがあっても、旧制とは全く異り、基本権の停止をなすことができないばかりか、文事執行官の下に、その命令の下に行動しなければならないこととなり、その行動に関して大臣が責に任ずることとなった。軍隊指揮官が執行官に任ぜられたときは、その地位は文事執行官と全然同一である。

憲法第四八条による秩序の回復のためにする軍隊の指定は、国防法第一七条による場合を除き、常に大統領の命令を要する。国防大臣に対する最高命令権の行使の委任は、本条に基く大統領の権限の行使を包含しない。国防軍を不安除去のため、当該場所に存在する警察的援助の範囲を超え指定するときは、原則として大統領の裁定を要する。

なお共和国憲法第四八条の運用とナチス政権の樹立との関連は、余りに顕著であって、ここには省略する。

日本

わが国においては、国民の権利も保障されず、三権の分立も存在しなかった。明治憲法制定以前において、非常事態の処理のために、フランスの当該制度に倣って戒厳令が制定されたことは、国民の権利の保障といった見地からではなく、絶対制的な国権の行使に関する弁護を求めんとしたものとも解され得るであろう。

明治一四年一二月二八日陸軍省の上申により、戒厳令は明治一五年太政官第三六号布告を以て制定され、明治憲法施行後においても、引き続いて遵由の効力を有せしめられた(第七六条第一項参照)。

戒厳は戒厳令第一条において、次の如く定義されている。

戒厳令ハ戦時若クハ事変ニ際シ兵備ヲ以テ全国若クハ一地方ヲ警戒スルノ法トス。

「戒厳ハ臨戦地境ト合囲地境トノ二種トス」（第二条本文）としたのは、第一条の規定に基いてなされたもののようであって、西欧諸国の当該制度の下におけるが如く、「状態」État又はZustandとなされなかった。これから見て、国民の権利の保障又は三権分立が戦時又は合囲状態〔に〕おいてどんな変化を受けるかといった見地からではなく、非常事態の警戒からの見地から戒厳令が規定されたことが理解されるであろう。

戒厳は原則として太政官によって地境を限って布告され（第三条）、必要に応じ当該司令官においても宣告することができた（第五条）。

> 臨戦地境内ニ於テハ地方行政事務及ヒ司法事務ノ軍事ニ関係アル事件ヲ限リ其地ノ司令官ニ管掌ノ権ヲ委スルモノトス故ニ地方官地方裁判官及ヒ検察官ハ戒厳ノ布告若クハ宣告アル時ハ速カニ該司令官ニ就テ其指揮ヲ請フ可シ（第九条）
>
> 合囲地境内ニ於テハ地方行政事務及ヒ司法事務ハ其地ノ司令官ニ管掌ノ権ヲ委スル者トス故ニ地方官地方裁判官及ヒ検察官ハ其ノ戒厳ノ布告若クハ宣告アル時ハ速カニ該司令官ニ就テ其指揮ヲ請フ可シ（第一〇条）。

の両条の規定は、ここに一々対照するまでもなく、フランスの当該制度の影響の下になされている。

合囲地境内においては「軍事ニ係ル民事」及び一定の犯罪は軍衙において裁判する（第一一条）。

> 合囲地境内ニ裁判所ナリ又其管轄裁判所ト通路断絶セシ時ハ民事刑事ノ別ナク総テ軍衙ノ裁判ニ属ス（第一二条）。及ビ
>
> 合囲地境内ニ於ケル郡衙ノ裁判ニ対シテハ控訴上告ヲ為ス事ヲ得ス（第一三条）

の両条は、いずれもまたフランスの影響を受けている。

戒厳地境内ニ於テハ司令官左ニ列記ノ諸件ヲ執行スルノ権ヲ有ス但其執行ヨリ生スル損害ハ要償スルコトヲ得ス

第一　集会若クハ新聞雑誌広告等ノ時勢ニ妨害アリト認ムル者ヲ停止スルコト

第二　軍需ニ供ス可キ民有ノ諸物品ヲ調査シ又ハ時機ニ依リ其輸出ヲ禁止スルコト

第三　銃砲弾薬兵器火具其他危険ニ渉ル諸物品ヲ所有スル者アル時ハ之ヲ検査シ時機ニ依リ押収スルコト

第四　郵便電報ヲ開緘シ出入ノ船舶及ヒ諸物品ヲ検査シ並ニ陸海通路ヲ停止スルコト

第五　戦状ニ依リ止ムヲ得サル場合ニ於テハ人民ノ動産不動産ヲ破壊毀焼スルコト

第六　合囲地境内ニ於テハ昼夜ノ別ナク人民ノ家庭建造物船舶中ニ立入リ検察スルコト

第七　合囲地境内ニ寄宿スル者アル時ハ時機ニ依リ其地ヲ退去セシムルコト（第一四条）

の規定も、フランスの当該規定に類似しておるも、かれにあっては国民の権利が憲法上保障されておるから、この例外の規定は憲法上意義があるが、われにあっては当時国民の権利は保障されてはおらず、従って絶対制の下における国家権力の自制とも解すべきであったであろう。

戒厳司令官の責任に関しては戒厳令中になんら規定されなかった。戒厳令制定当時において、陸軍においては統帥権は独立し、海軍において未だ実現に至ってはおらず、ここに陸海軍において、それぞれ別個の責任を生ぜしめた。陸軍に関する限りにおいては、戒厳司令官の地位及び責任は、プロイセン合囲状態法第四条第二項に規定する軍隊指揮官の地位及び責任と同一視さるべきであったであろう。海軍にあっては海軍卿の責任に帰すべきものと解される。*

＊　海軍における統帥権独立後、とくに明治憲法施行後においては陸海軍の戒厳司令官の地位及び責任は同一視されることとなった。

戒厳は平定の後でもその解止の布告又は宣告があるまでは、その効力が存続する（第一五条）。そしてその解止の日から地方行政事務司法事務及び裁判権はその常例に復する（第一六条）。

戒厳令はさきに述べられたように、明治憲法第一四条の規定により、当該制度として存続せしめられた。そのもともとの趣旨は明治憲法の下においても大差があったとはなし難いであろう。

戒厳令の不備から特定の事件の処理ができず、その一部の適用がなされ、いわゆる「行政戒厳」が右に該当する。明治三八年勅令第二〇五号、大正一二年勅令第三九八号及び昭和一一年勅令第一八号がそれらに該当する。

明治憲法第三一条に規定する、戦時又は国家事変の場合における天皇大権の施行に関し「非常大権」を認めた学説が世に行われていた。前にも一言されたように、明治憲法第一四条及び本条の制定史的研究に基き、本条は第一四条等を包含する説明的な重複規定と解されるから、ここにはとくに非常大権としては述べられない。

第一一章　戦争の指導

概説

(一)　現代戦の形態　第一次及び第二次世界戦争は総力Total戦として戦われた。かつてクラウゼウィッツは、その著『戦争論』において、戦争の種々の形態を説いた。「絶対的形態における戦争」とは、国家がそれぞれの存在のためにする決定的な争闘であり、それ故国家は戦力においてのみならず、その内部的な精神的緊張においても、極限をもち出さなければならない。また、その側に種々の段階をつけられた、不徹底な戦争がある。ここでは一定の政治目標が追求され、交戦国は最高の犠牲をもち出さないで、その力の一部しか配置しない。あらゆる戦争には、その絶対的形態を受け容れる傾向が内在している。一国の僅かな努力が、敵国のより大きな消耗によって答えられ、敵国が更新した配置をもって凌駕したことによって、攻撃者はより強大な犠牲を余儀なくされ、遂に相互の強制によって、戦争の極度の形態が獲得される。しかし戦争の、この必然的傾向は、実現するとも限られない。数多い内外の妨害が存在しており、例外の場合においてのみ、戦争はその絶対的形態を獲得する。このようにして局部的戦争から総力戦が生ずる。総力戦においては、敵の撃滅及び自己の維持のために、極度の力を以て争闘される。

総力戦はどんな形態を有するであろうか。まず第一に、

(一) 一つの戦争が、あらゆる最後の予備の極限の力の緊張並びに配置の意味において、全体的であり得る。これが主観的総力戦である。また戦争が敵への作用の意味、撃滅的戦争手段のなにも顧慮しない配置の意味で、全体的であり得る。これが客観的総力戦である。

たとえば太平洋戦争は、アメリカにとっては主観的及び客観的総力戦であり、わが国にとってはアメリカに関する限りにおいては主観的総力戦であった。これはカイロ宣言及びポツダム宣言に包含されている条件によっても立証される。

(二) 一つの戦争は両面的又は片面的に総力戦となり得る。戦争は地理的状態、戦争技術、また支配的な政治的原則によって、両面的に意識して制限され、割当てられ、勾配をつけられ得る。

(三) 戦争の性格は闘争の経過において、変質せしめられ得る。現にわが国に関する限りにおいても、満州事変から日華事変を経て、太平洋戦争の全経過において、戦争は総力戦として戦われるに至った。

(四) 終に戦争の全体性とともに、全体的ではない闘争及び力の測定の特別の方式も発展する。各国は明らかに危険が伴う総力戦を避くべく努力する。

西欧の等族制時代においては、戦争は客観的意味、絶対制時代においては主観的意味において、それぞれ全体的であった。前者においては、戦争は自己の全力を把握することなく、敵国及び敵国民に対して遂行された。後者においては、よく組織された自己国家の全力の把握の下に、敵軍隊に対してのみ戦争が遂行された。一九世紀に至っては、戦争は一つの形態を得た。すなわち主観的にも、また客観的に

も、全体性を失った。戦争は客観的には、常人、その財産及び経済をいたわって、単に軍隊に対してのみ遂行され、主観的には、その本来の軍事力だけに要求を制限した。

一八一五年以来西欧においては、戦争は僅少な例外となり、そして一つの憎むべき不自然な状態として感ぜられるようになって来た。人々は戦争を厳かな宣戦布告を以て開始し且つ国際法的制限を以てそれを閉じこめた。この世紀における戦争は僅少であり、また数月間の恐怖の下に終了した。非戦闘員的な人民たちは、そのときにおいては、法的に礼儀正しい戦争の保護の下にあって、戦争を観劇席からのように体験しながら、市民的生活の保障を体験した。このような状態の下においては、戦争の単一的指導の可能性は消失しなければならなかった。この時期における戦争指導の方式としては、統帥権の独立によるそれも妥当し得た。

ここで総力戦と国民戦の差異に関して一言されなければならない。国民戦争は総力戦に変容しやすい。国民戦争も敵の撃滅及び自己の維持のためにしか戦われない。国民戦争において始めて、すべての生活力の完全な緊張が可能となり、この緊張によって受動的な市民的存在から、政治的出来事への能動的参加が呼びおこされる。たとえばわが国においては、日清及び日露の両戦役は、国民戦争として戦われたが、未だ戦争の絶対的形態を現出するには至らなかった。

一九世紀における戦争の指導は、いわば軍隊の指導、戦略であった。戦争が全体性を獲得するに至ったときにおいては、このような戦争指導の方式はもちろん妥当するものではない。全体戦の下においては、陸軍指導の外に海軍指導及び空軍指導を必要とし、更にそれらを統合指導をなすべき三軍の単一指導が存在しなければならない。すでに述べられたようにアメリカ及びイギリス等においては、平時においてすでに軍の単一的な最高処理が実現せしめられていることをみのがしてはならない。

なおこれら軍の指導の外に、政治指導並びに広汎な経済及び精神指導を必要とし、これら四者が更に一層高度な、共通的の全戦争指導の下にあらねばならない。戦略はもともと軍隊指導に関する術であり、今日では政治、経済及び精神戦略の外に、これらの上位にあるべき「全戦略」が存在しなければならない。全戦略はこれら四専門領域の動的関係を規制する。

戦争の指導は、文権優越の下においては、文民的コントロールの下にあらねばならない。全戦略は勿論他の戦略についても、軍隊戦略に関しても文民的なコントロールが行われるべきであり、以下諸国の現実について述べられるであろう。

㈡　国際連合の下における兵力の使用

国際連合が何であるか等に関しては、これを他に譲り、ここではその下における兵力の使用に関して、一言するであろう。

国際連合憲章中に示すが如く、国際連合はその目的の達成のために、「国際的平和及び保障を維持すべく、われわれの勢（兵）力を一体にし、共通の利害におけるものを除き、軍隊の使用をなさないことを保障する原則を採用し且つその方法を設定する」と規定されている。

国際連合憲章中文武の関係に関して規定された準備は、全然新規なものであって、今後における、その発展が期待される。

国際連合総会は憲章第一一条第二項に基いて、国際的平和及び保障の維持に関する、いずれかの問題を討議し、安全保障理事会がそれを自ら処理する場合を除き、当該国家又は理事会に対して勧告をなすことができる。更に総会は国際的平和を危からしめんとするが如き状況に関して理事会の注意を求めることができる。もしも憲章の下においていずれかの直接行動が要求されるならば、総会は憲章第一一条により理事会に対し、その討論の開始の有無に拘わらず、当該事項を付託することができる。総会の、その他の権限と併せ、国際関係の政治、軍事的領域に関与することから排除されてはいないが、その性格は第二義的であるばかりか、多分に執行的であるよりも、助言的である。

安全保障理事会は国際的平和及び保障の維持に関する、第一位の責任を有する国際連合の機関である。理事会は従前の同種の機構とは異って、平和の維持を実施すべく企図された武器を付与されている。種々の武器の中で最も強力なものは、国際的平和及び保障の維持又は回復をなすべく軍隊を使用する権利である。この武器を有効ならしめるために、憲章中においてかかる軍隊を設置し且つ現実に使用する方法並びにこれらを指揮する技術的幕僚が規定されている（憲章第四七条）。

軍事幕僚委員会は、安全保障理事会の恒久的構成員（五大国）の参謀総長 Chiefs of Staff 又はそれらの代表者から組織される。委員会において恒久的に代表されていない連合のいずれかの構成員は、当該事項の善良な管理のために、当該事項に関与することが必要であるときは、軍事幕僚委員会に協力すべく召集される。連合の軍事幕僚として、その重要な任務が決定をなすことにあるから、その構成員は最少限度の少数に定められている。統帥作用は別個の問題であって、委員会は本質上その大小を問わず、命令権を行使することができず、命令権の行使のための人選は後に譲られている。

軍事幕僚委員会は安全保障理事会の権威の下に、理事会の処理に付せられたすべての軍隊の戦略的な指揮について責に任ずる。これら軍隊の指揮 Command-Commandement に関する問題は次いで規定されるであろう。これは軍隊の戦術的な指揮には委員会が関与してはならないことを意味するものであり、統帥権の概念に関してさきに述べられたところ（第四章）によって、右を考察するときは一層明確に理解することができるであろう。

なお安全保障理事会の承認を受け及び当該地域的機構と協議の後、委員会は地域的小委員会を設置することができる。

この軍事幕僚委員会の構想は、第二次世界戦争中に設置された、英米連合参謀本部の理念から専ら生じたといわれている。後者は戦争を勝利に導くべく重要な戦略的役割をはたし、これが五人の恒久委員を包含すべく拡大されたものである。

軍事幕僚委員会は一つの事務局を有し、五代表部に附属する軍人から構成され、かれらはそれぞれの代表部の長に対して責に任じている。この点において委員会はさきに述べた連合参謀本部の先例に従っている。かくして委員会のすべての構成員が委員会事務局において同等の発言権を有し、委員会の構成員の信頼及び信用の関係の設定に必要な完全な機密を確保している。委員会の議長は委員間において毎月交代する。

委員会が理事会に提出する報告書は全員一致でない限り、委員会の勧告とはみなされない。

アメリカ連邦としては、国防長官及び大統領の権威及び指揮に基いて、統合参謀本部が国際連合憲章に従って国際連合における軍事幕僚委員会のアメリカ代表都をつくっている（5 U.S.C. 171B）。

理事会における連邦代表者は文民出身であり、国務長官を経て大統領から訓令を受ける。委員会は理事会に報告書を提出する。委員会における連邦代表者は、統合参謀本部を通じ行動する大統領の命令に従う。これらの軍事委員は理事会における連邦代表者の軍事的補助者であり、相互の連絡が保たれている。首都における調整に関しては、一般的措置によっている。

連合構成国は憲章第四三条により国際的平和及び保障の維持のため必要な軍隊等を理事会に対しその求めにより且つ特別の協約に基いて提供しなければならない。委員会は本件に関して理事会に勧告書も提出しなければならない。

理事会によって協力が求められたときには、連合構成国家は理事会及び委員会の戦略的指令の下に行動することとなる。恐らく各国軍隊はそれ自身の同一体を保持し、それ自身の指揮官の下に行動し、理事会によって要求されるまでは自国領土内に止まるであろう。[*]

＊ アメリカ連邦においては、大統領は兵力の使用に関し国会の法律又は共同決議の承認の下に、理事会と協定を談判する（28 U. S. C. 287D）。

国際連合憲章では、もしもその構成員に対して兵力を以てする攻撃がなされ、安全保障理事会が国際的平和及び保障を維持すべく、必要な措置をとるまでは個別的又は集団的な自衛の固有な権利が害われてはいない（憲章第五一条）。

以上にかかげた国際連合の下における安全保障の機構は、現在においては、理事会が兵力の使用を決定するにあたって、少くとも他の二国とともに五大国の全員一致が要求されており、五大国に対する兵力の使用は考えられないばかりか、五大国中の一国よりの保護を享有する国家に対しても行動の開始は困難視されるであろう。

(三) 連合作戦の指導　第一次世界戦争に際し連合国は「単一統帥」Commandement Unique を樹立する

に重大な困難にあった。戦争の末期である一九一八年四月三日に至り、連合国の会議において、フランスのフォシュ将軍に対して英、仏及び米三軍の行動を調整することを委任し、四月一四日に至りイギリス、四月二八日にアメリカ連邦はフォシュ将軍に対して、フランスにおける「連合軍総司令官」の称号を与えることを承認し、五月二日に至りイタリア軍もまた同将軍の指揮の下に入ることとなった。ところがベルギーでは憲法上総指揮官は国王自身に外ならないとし、フォシュ将軍を以て総司令官となすことには同意しなかった。しかし実際上においてはベルギーも連合軍において決定した作戦命令を実行した。フォシュ将軍は作戦命令をベルギー参謀総長に伝え、戦争の末期においては他の方法をとり、フランス将官であるデグート Dégoutte を以て参謀総長となし、ベルギー国王に附属させ、これにその命令を下した。

第二次世界戦争に際しての連合戦争指導に関しては、資料が不備であって、ここには省略する。

イギリス

現代戦争は現存の国家秩序の耐久試験ともみられ得るであろう。従って以下に述べられる五国において戦争が如何に指導されたかを知ることは極めて興味深いものがある。イギリスでは現行憲法制度の下において二つの、大きな戦争が戦われ、いくたの困難があったのにも拘わらず勝利に導かれたのはとくに注目に値するものがある。

そもそも平時における政治組織は、戦時に際し必要な手段を急速にとり且つこれを強度に適用することができない不便を有している。そこで議会は政府に対して必要な権限を委任し、いわゆる「全権」の制度を生ぜしめた。平時における政治の根本原則は現状維持である。議会における論議は、政治上敏速を欠き、二院制度の国家では、とくにしかるものがある。イギリスはいわゆる軟憲法国家であって、議会は政治組織の全部についてもこれを容易に変更することができる。必要に応じ、たとえ急激なものであっても、強度の変更を通常の立法手段によって実施し、どんなに強大であっても、政府に対して全権を付与することができるとともに、その特権の剥奪をもなすことができる。そして議会は政府に全権を付与することがあっても、その最高監督権を放棄することはない。従って戦争の指導に関して議会の監督が重要であるべき所以は、ここに存する。

政府の非常権限は、三種の淵源から生ずる。まず第一に、すでに平時から存在する特別の法律によるものがある。第二には普通法 Common Law に基づくものがあり、たとえば一九一四年八月四日の国王の宣言書の如きは、これに該当する。第三には普通法の欠陥を補うために、政府の権限を明確にし、且つ軍法会議によって犯罪者を処罰し得る法律の制定を見た。たとえば一九一四年の軍需品法又は外国人取締法の如きは、その一例である。一九一四年八月八日両院でなんらの討議なく可決された国防法においては、政府は公安及び王国の防禦の確保のため、文部両官憲の権限及び職責を規則を以て制定することが認められ、この規則中の一定事項の違反者は通常の処罰方法によらないで、軍法に服し且つ軍法会議の管轄に服する現役軍人が陸軍法第五条に規定する罪を犯したときと同様な方法で処罰され得ることとなさしめられた。

このような政府の強大な権限は、いずれも法律又は普通法の権限に基いたものであって、免責法の如きものを要しなかった。

イギリスでは二度の世界戦争に際し、戦時内閣ともいわれる少数内閣制度がとられ、第一次世界戦争においては、一九一六―一九年中ロイド・ジョージ内閣が五―七人の閣員、第二次世界戦争においては、一九四〇―四五年中チャァチル内閣が五―九人の閣員を以て組織された。一九〇一年から現今に至る閣員の数は、戦時内閣を除き最小一六人、最大二三人であって、如何に戦争指導が急速且つ強力でなければならないかが、閣員数によっても知られ得る。少数内閣制の得点としては、次の如きものがかかげられる。

(一) すべての閣員が出席し得るような時に、容易に閣議の開催がなされ得る。
(二) 急速な決定に到達し得る、より大きな可能性が、論議をなさんとする閣員がすくないばかりか、これよりももっと重要なのは、少数の群が容易にチームに接合され得ることから生ずる。
(三) 当該省にとっては、その重要性が間接的又は一般的である問題に没頭するために、忙わしい大臣を当該省から長い時間及びしばしば離れさせることがない。

第一次世界戦争に際しての、戦争指導は、大要次の如く行われた。一九一四年八月開戦に際し、内閣は、

政府が議会及び国民に対して責任を有し、海陸の作戦の指導に関しては、最高のものである。
と漠然考え且つ軍事上見地から
非常の場合には帝国国防会議及び参謀本部が作戦の指導にあたる。
となしていた。現に実際においても、同年八月から一一月までは、内閣においてその任にあたった。開戦に際して首相アスキスは、一時陸軍大臣を兼任したが、やがてその地位をキチナァ元帥に譲った。

元帥は閣員としての経験及び政治界における経歴を有しなかったばかりか、いずれの政党とも関係を有しなかった。閣臣任命に関する従来の慣行とは異って、政党員ではない者を閣員となした。すなわち貴族である現役武官を以て陸軍大臣となした。

この点に関し大戦中長期間参謀総長であった、ロバァートソン元帥は、

イギリスでは陸軍大臣は政治家から選ばれ、軍人から選ばれてはならない。

と述べ、その理由として、

陸軍大臣の任務遂行には抜術的知識を要せず、大臣はその同僚である軍人から必要な報道を受け、その政策の決定に際し、その報道を適当に按配する能力を要求されておるからである。作戦計画を起案し、これを政府に説明し、その実施を監督するのは、陸軍大臣ではなく、参謀総長の任である。陸軍大臣は参謀総長により、陸軍の責任長官として認めらるべきは勿論である。その軍事専門の領域における陸軍大臣の干渉が、その度を超えるものであるときは、成効に対する援助とはならず、むしろ妨害となることを忘れてはならない。

としている。文民出身ではないキチナァ元帥が陸軍大臣に任命されたことが戦争指導に関して好結果をもたらさなかったことは、ここに一々述べるまでもないところである。

一九一四年一一月から一九一五年六月頃までの間において、戦争指導に関する政府機構に変更が加えられ、戦争指導に関する重要問題の詳細な研究は、内閣の承認下に、更に小規模な機関である戦争会議War Council の議に付せられ、首相がその議長となり、海軍、陸軍、外務、財務及びインド事務大臣を以て、その議員となした。この会議は内閣の指導の下に行動し、内閣に対して報道を提供し、いずれかの

新政策の決定前には内閣に協議しつつ、会議に付託された事項に関し調査し、討論し、決定し且つ行動をとる。そして内閣は常に終局的に新政策に関して責に任じた。

第一次連立内閣（一九一五・六―一九一六・一二）が組織された後、直にダアダネルス出征軍に関する事項を管掌せしめるために、「ダアダネルス委員会」が組織された。そして数月後に「戦争委員会」War Commitee に変更せしめられた。この連立内閣は一時的に政党内閣制を放棄したものであり、戦争の遂行を容易ならしめんことが企図された。この内閣の下に軍需省及び軍需品法が設けられた。

戦争委員会は一九一五年一一月二日首相によって組織された。これはこの内閣の構成、閣員の数、首相の地位に欠点があると論ぜられたことに基く新しい施設である。この委員会は首相、陸軍、海軍、軍需、植民及び財務の各大臣から組織され、その幹事長には帝国国防会議の幹事長が充てられた。参謀総長、海軍軍令部長、高級将官及び他の大臣は、随時その会議に出席を命ぜられた。

戦争委員会は従前の国防会議の任務を吸収し、戦争指導の任に当たった。そして国防会議とは異って、執行力のある権威を有した。だがその決議には閣議を経ることが必要とされた。

この戦争委員会の組織に際し、ロバァトソン参謀総長は陸軍大臣に対し、大要次の如き意見を提出した。

政府が承認した政策遂行のために要する、作戦に関するすべての命令には、参謀総長は陸軍大臣（陸軍会議ではない）の権威の下に署名しなければならない。陸軍大臣は戦争委員会で決定した政策に基いて、軍隊の徴募、維持及び装備について責に任じ、作戦に関しては、戦争委員会の他の議員と同一の地位にあらねばならない。

ところが、陸軍大臣キチナァはこれに反対したが、遂に一九一六年一月二七日に至り次の如き一枢密院令（勅令）が発せられた。

参謀総長は一九〇四年八月一〇日附の枢密院令の下に、時々割当てられるような、他の職務を実行するの外、軍事作戦に関して政府の命令を発することについて責に任ずる。

かくして参謀総長は以後作戦命令を発することができるようになり、一九一八年一一月までその継続が見られた。

この連立内閣は種々の難関に遭遇したのにも拘わらず、一九一六年一二月まで約一年半継続した。戦争の指導及び戦時行政の各方面において、前内閣よりも強固ではあったが、まだ充分ではなかったといわれている。

次いでロイド・ジョージが内閣を組織するに至り（一九一六・一二―一九一九・一）、戦時内閣 War Cabinet が組織されるに至った。戦時内閣はその業績に関して二報告書を出しており、それによってその活動をよく知ることができる。

戦時内閣が組織されるに至ったのは、戦争の規模が膨大し、従前からの内閣制度を以てしては、戦争の処理が不充分であることが分明したからである。政府の任務が広範囲に渉り、その結果いくたの省の新設が要求され、首相統裁の下に多数の大臣を以て内閣を組織するときは、戦争の実際的指導に当たることが困難となって来た。そこで新制を樹て、戦争の最高指導に任ずる戦時内閣と、各省事務を処理する大臣を区別させた。戦時内閣では一人の例外者を除いて、内閣員は日々各省の事務に没頭せず、全くその時間を政策の創始及び各省の調整に費すことができるようにした。首相、枢密院議長、二人の無任所大臣及び財務大臣を以て、これを組織し、*最後の者は財務省の事務をとるの外、下院において、政府の主たる代表者として行動する任務をも有していた。

* 最初五人であったが、後に一人の無任所大臣が加えられ、一九一七年六月南アフリカ自治領代表者スマッツ将軍が無任所大臣として加わった。

戦時内閣の毎回の会議においては、前日の戦況をきくに始まり、政策の一般的問題を討議しない限り、その決裁をまつ諸問題を審議した。これら問題の多くは各省事務に関係を有し、各省間に重複する事務又は争議が存する事務を決定し、首尾一貫する計画に適合せしめるために、各省の行政に通ずる政策の一般的方針を調整させた。

一九一七年中会議を開くこと凡そ三〇〇回であって、この会議には内閣その外数多の人が参加し、外務大臣、海軍軍令部長及び参謀総長は毎回これに出席し、戦争に関する最近の情報を伝え、日々生ずる問題について戦時内閣の意見を求めた。右の外関係各省大臣、各省官吏並びに専門家も必要に応じこれに出席した。なお実際においては、比較的重要ではなく、または非常に複雑した問題は、数人の内閣員、大臣が組織する委員会又はその他に移し、ある場合には、大臣又は委員会でこれを決定し、或は調査審議の上最後の決裁を得るために戦時内閣に報告書を提出した。このような手段で戦時内閣は、全員が複雑な問題に没頭せず且つ漏れない調査を遂行することができた。

関係大臣は必要に応じ戦時内閣の会議に出席したが、更に各省をして戦時内閣の政策と緊密な関係を保持させ且つ戦時内閣員をして各省の事務に通ぜさせるために、いくたの方法が講ぜられた。戦時内閣の議事録が調製され、これを戦争の指導に最も関係が深い大臣に送付され、またその他の省には必要な議事録を送付した。

戦時内閣事務局は外務省、インド事務省及び植民省と協議し、当該関係事項の週報を作成し、これを各省に送付した。なお各省のあるものは週報を作り、これを各省に送付した。なお（ママ）各省のあるものは週報を作り、これを戦時内閣及び関係大臣に送付した。

戦時内閣事務局書記官長の外に、一〇人の書記官が置かれ、事務局は首相官邸ではないところにおかれた。この事務局に対する首相の訓令によると、事務局は、

一　戦時内閣の議事録を調製し
二　戦時内閣の決定を当該関係者に送付し
三　会議事項を準備し、大臣及び関係者の出席を求め、討議に必要な書類を準備し、
四　戦時内閣の公信を準備し
五　前掲の週報を調製する

ことが命ぜられた。

この事務局には、平時に存在していた国防会議からその首脳者を出し、この事務局に加えて、首相が戦時内閣の制度により負担する重要な責任を処理するにあたり、それを補助させるために首相官房が設置された。

戦時内閣は従前の戦争委員会を継続し、この委員会が内閣の指導の下にあったのを改めて、閣員ではない各省大臣の上位にあって、且つこれらに優先した指導機関たらしめられた。戦時内閣は一九一八年

においても、大きな変化を見なかった。閣員の一々の変更については、ここには省略する。

この戦時内閣による政治は、いくたの問題に対して、よりよく迅速に且つ決定的な処置をとり、戦争指導に関し頗る有効な施設であった。その内部における多少の困難やいくたの批評を伴ったが、事務局書記官長であった、ハンキー Sir Maurice Hankey は、戦時内閣に関し、

この機構が批評されることができないとはいわない。しかし私が知る限りにおいて、世界大戦における、いずれの交戦者もこれよりもよいものを展開させなかった。

と述べている。戦後戦時内閣制度は廃止され、一九一九年一一月に至り帝国国防会議が設置され、一九一六年以前の制度とは異って、この会議の書記官長が内閣書記官長ともなった。*

＊ 一九三八年七月以来内閣書記官長と国防会議書記官長は同一人ではなくなり、前者が文民、後者が武官から命ぜられた。第二次世界戦争に際しても国防会議が戦時内閣に吸収され、その事務局は戦時内閣事務局の一部となった。

なお自治領との戦争指導に関する帝国戦時内閣に関しては、ここに省略することとする。

第一次世界戦争に際し議会は戦争の指導に関し政府に対するコントロールの権限を行使したが、甚だ微弱であった。議会はかつてクリミヤ戦争に際しても、セバストポールにおける軍隊の状況及びこれに対する補給業務を審査するために、審査委員会を設置せんと議決し、内閣の更迭を見たことがあった。

第一次世界戦争に際し政府は下院の干渉を訴えることが尠く、メソポタミア及びダァダネルスにおける作戦の指導及び両戦場における軍隊の補給について、政治の責任を調査すべく、法律を制定し、委員会を任命し、議員及びその他の者を以てこれを組織し、党派的偏見を避けんとした。

第一次世界戦争後作戦要務令（一九二九―三〇年）中において、戦争計画及び作戦指導が如何に規定されていたかを述べることによって、文権優越の下における当該制度を知ることができるであろう。

戦争計画は帝国国防会議において検討され、内閣の承認を要する。この計画には海陸空三軍並びに政治上の問題の一切が包含されているから、その設定、変更及び修正は内閣の責任に属し、内閣はこの計画を承認することによって、必要な供給を軍隊に対してなすべき責任を負担する。

一戦場における総司令官は、参謀総長によって承認された戦争計画、状況判断、隷下部隊の集中に要する時間の予定、指揮権の限界及びその任務の達成に必要な報道を受ける。そして同司令官は戦争計画の執行に関し責に任じ、時々政府から受ける命令に従わなければならない。

野戦軍総司令官は内閣の輔弼により国王より任命され、当該戦場における陸上及び空中のすべての事項に関し、最高の権能を有する。総司令官は野戦軍の能力及び維持、作戦全体としての監督及び指導並びに軍法の下に置かれた地方の軍政に関して責に任ずる。野戦軍における指揮に関する永久的任命の最終の権限は、関係大臣の輔弼により国王に属し、司令官は必要に応じ指揮官又は幕僚の仮任命をなすことができる。司令官及び首要幕僚将校は、技術及び財政の問題の決定に関しては、これら勤務部の長が、これら問題の裁決を求めたとき又はこれら問題に関し容喙の必要があると認めたときに限って責に任ずる。

戦争が二つ以上の分離した作戦地域において起ったときは、政府は全軍の指揮権を一人の総司令官に委するか又は二以上の分離した司令部を組織し、各一司令部について一人の総司令官を任命すべきかを決定しなければならない。後の場合においては、各指揮権の限界が厳格に決定され、各当該地域における総司令官の権限は、前述と同様である。そして政府はその軍事補助者の補助によって、各戦場の一般的統制及び整頓に任じなければならない。

総司令官の命令の下にある全地域は、これを地方的行政のために数箇の区域に分たれ、兵站区域の司令官は、その地域の防禦及び地方的行政に当たり、その組織は軍管区のそれに類似せしめられる。

第二次世界戦争の下における戦争指導に関しては、第一次世界戦争の下におけるものとは、多少異っており、大要次の如きものであった。

第一次世界戦争後戦時内閣は解体され、一九一九年一一月に至り帝国国防会議が再建され、第二次世界戦争開始に至った。その間における同会議に関してはすでに述べられた。

今次の戦争においても少数内閣制がとられた。チェンバレン戦時内閣は一九四〇年五月に五人の閣員で組織され、次いで八、九人の閣員に増加された。一九四〇―一九四五年におけるチャアチル内閣は五ないし九名の閣員によって組織された。

帝国国防会議は一九三九年九月に戦時内閣に併合され、その事務局は戦時内閣事務局の一部をなした。この戦時内閣事務局はそこで文武両面を有することとなり、軍事部は三軍の将校、文事部は行政官吏によって組織され、両者ともに戦時内閣の事務局書記官長の下に行動した。戦争中戦時内閣の事務局中に、中央的性格を有する若干の専門化された機能を包含させることが便利であると認められ、経済部、中央統計局及び若干の補給事務局が戦時内閣の事務局中に加えられた。

なお内閣は一九四五年に戦前の規模に復帰せしめられ、第一次世界戦争後におけるとは異って、帝国国防会議は復活せしめられないで、その後に至ってその事務は新しく設置された国防省に吸収された。

一九三九年九月戦争開始に際しネビル・チェンバレンは前にも述べられたように、九人から組織される内閣の下に、四つの首要な内閣委員会を組織した。㈠軍事作戦及び情報、㈡国内政策、㈢民間防衛及び、㈣優先諸問題がそれらである。その直後世論に従って、経済政策に関する一つの大臣委員会と一つの官僚委員会が加えられた。

一九四〇年五月にチャアチルが首相に就任するや、新規な制度を採用し、その主たる特色は、五人から組織される内閣が各省大臣からなる委員会ではなく、主としていくたの委員会の議長の委員会となったことに存した。その構造は次の如きものである。

首相及び国防大臣の特別の職責　三軍の参謀総長を以て補助者とする陸海空の三軍大臣からなる国防委員会によって援助される。

枢密院議長の特別の職責　経済及び国内事項（生産会議、経済政策、食糧政策、国内政策及び民間防衛の各委員会）を包含する五つの大臣委員会を協定及び指導し、かれらの事務が適当に調整されること並びにどんな領域も脱漏がないことを確保する。枢密院議長委員会の議長となる。

王璽尚書　食糧政策委員会（食糧生産を包含する食糧問題を処理する）の議長並びに国内政策委員会（国内問題及び社会福祉に関する問題を処理し且つ命令案及び法律案の起草に関し責に任ずる）の議長となる。

外務大臣　外交問題は、戦時内閣に対し従前の通り外務大臣から直接に提出される。

一人の無任所大臣　生産会議（戦争目的のために組織及び生産の優先につき一般的指令を与える）及び経済政策委員会（一般経済政策を協定し且つ指揮する）の議長となる。

このような構造は永続しないで、一九四〇年一〇月に三人の各省大臣が戦時内閣に加えられた。一九四一年一月に重要な変更が告げられた。ここに委員会の議長として行動する各省大臣ではない大臣から組織される内閣制が多分に放棄されるに至った。この一月における内閣は、首相、枢密院議長、王璽尚書、外務大臣、財務大臣、一人の無任所大臣、労働及び国民役務大臣及び航察機製造大臣（総計八人）から組織された。生産会議は一九四〇年末に閣員となった労働及び国民役務大臣の議長の下に生産執行部局となった。経済政策委員会は廃止され、その一般的経済職責は枢密院議長委員会に移され、輸入に関する職責は、戦時内閣員ではない、需給大臣を議長とする輸入執行部局に移された。

一九四二年二月に生産省の設置に伴い、更に変更が加えられた。この結果として、枢密院議長委員会が主たる内閣委員会となるに至った。他の多くの委員会は消滅するか又は小委員会となった。

内閣の事務中国防に関して生じた発展は、首相の人格及び地位に集中せしめられた。一九三六年に、再軍備計画を監督する任務において首相を補助するために、国防調整大臣が任命された。この地位は一九四〇年四月まで継続せしめられた。八人からなったチェンバレン内閣においても、陸海空の三軍の大臣の外にこの大臣も包含された。チャアチルが首相となるや、かれ自身が国防大臣の称号をとった。首相のみが国家の全資源の動員及び支配をコントロールする地位にあったことが明瞭となった。

国防大臣は存在したが、戦争中国防省の設置を見るに至らなかった。国防大臣は三軍省及び承認された計画の執行に関し責に任すべき、いずれかの大臣及び官吏によって行動した。大臣はその幕僚として従前帝国国防会議において勤務した、戦時内閣事務局の軍事部を使用した。事務局の軍事部長は、大臣の主たる幕僚将校であり、また三軍合同参謀本部の一構成員となった。この事務局の任務は、合同参謀本部のために報告及び電信を起草し、軍事問題を処理する種々の委員会及び小委員会の行動の調整及び継続を確保し、一般に三軍間の機構の滑かな運営を容易ならしめることにあった。その任務は国防大臣に対する軍事的助言者として行動することではなかった。その任務は行動に関して責に任ずる人々から大臣のために助言を得ることにあった。

作戦及び需給のために、二つの主要な国防委員会が存在した。㈠国防（作戦）委員会は、戦争中の大部分に渉って、首相及び国防大臣（議長）、副首相、外務大臣、生産大臣、三軍の各大臣及び参謀総長、省責任に属する問題が審議中所管の各省大臣から構成された。この委員会は三軍の参謀総長及び合同参謀本部によって準備された軍事計画を検討し、戦時内閣のために決定をなす。これと平行する国防（需給）委員会は生産計画の大綱を処理する。国務大臣としての首相の任務は定められなかった。それは一つに首相に対して国防委員会及び合同参謀本部委員会を通じて行動の方法を発展すべく委任されていた。このようにして作戦を成効に導くことができた。

イギリスにおいては二回に渉る世界戦争に際して、右に述べられたが如き文権優越の下に有終の勝利を納めることができた。以下に述べられる日独の当該制度が如何に武権優越であったかと比較して思い半ばにすぎるものがある。

アメリカ

アメリカ連邦憲法第一条第八節（一一）により議会が宣戦をなす。この宣戦は両院の合同決議により、大統領の署名を以てなされる。議会のみが宣戦をなすことができるが、総指揮者としての大統領の命令によって、前以ての議会の承認を受けず、敵対行動し戦争状態を開始することができる。これがいわゆる「執行部戦争」Executive War である。過去約一五〇年間にこのような戦争開始が七二回もなされている。もしも交戦が大きな規模及び重大な性質なものであるならば、戦争の開始の直前が又はその開始後、大統領は議会に対して宣戦を求める。しかしもしもそれが制限されたか又は地方的のものであるならば、議会による宣戦は求められない。

ここで大統領の権限と国際連合による兵力使用の関係が考察されなければならない。国際連合憲章は侵略を中止する目的を以て、加盟国により供せられる軍隊の使用を考慮している。国際連合への加入は、大統領がどの程度に国際連合によってとりあげられた紛争に対し、連邦軍隊を参加せしめることができるかを決定し得るかの問題を生ぜしめる。議会のみが宣戦をなすことができる。そこでもしも大統領が他国と共働する行動に連邦軍隊を派遣することが、宣戦権が議会からとり去られないで、大統領に許容されるであろうか。憲法は連邦軍隊が作戦に参加する前に、議会の承認を求めなければならないであろうか。これは困難且つ重大な問題である。執行部は、大統領の一方的行為による軍隊の使用がなされた「執行部戦争」又はその他の場合をあげる。反対者は予めの議会の承認を主張する。これは憲法の文字通りの解釈をなさんとするものである。過去においては裁判所は、それが議会の前以ての承認を求めず兵力の使用を必要としても、大統領が総指揮者としての権限の利用の権利義務並びに法律が忠実に執行されているかを看視する権限を認めた。たとえ議会が制限的立法をなすことがあっても、強固な意思を有する大統領は、将来の危機において、その特権と認めるところをいいはるかも知れない。*

＊　一九五〇年六月以降の朝鮮動乱に際してのアメリカの国連軍の参加に際しても大統領は議会の前以ての承認をもってなさなかったようであり、また欧州への派兵の決定に関しても、両院は合同決議ではなく、単に「並行又は同時決議」Concurrent Resolution を以て両院の承認を必要としている。従って大統領はここに法律的ではないが、道徳的に派兵に関して議会の承認を要することになっている。

極東米軍総司令部指令第七八号
トルーマン大統領の命により余M・B・リッジウエイ中将は極東米軍総司令官となる。
連合軍総司令部指令第六号
トルーマン大統領の命により余M・B・リッジウエイ中将は連合軍最高司令官に就任する。
国連軍総司令部指令第九号
トルーマン大統領の命により余M・B・リッジウエイ中将は国連軍総司令官に就任する。

以上によって各総司令官の任命者を知ることができる。後二者の任命権の委任に関しては、これを知ることができなかった。

大統領は軍隊を指揮し、議会がなした宣戦に基いて、作戦を遂行する権能を有する。侵襲又は叛乱に際しては、宣戦に先だち敵の存在を認め（執行部戦争）、それらを撃破すべく最も適当な方法によって処置をなすことができる。大統領は軍隊の指揮又は作戦の指導に関しては立法部又は司法部のコントロールを受けない。

大統領の戦時における権限は、これを通例「戦争権限」War Power と称し、通常正規の範囲外において行使する政府の権限である。もしも大統領が国民の後援及び信頼を受けるときには、その権限は戦時に際し、殆んど独裁的なものともなるであろう。

第一次世界戦争に際し、一九一七年議会は兵員の徴募及び大規模な産業動員に関して、一々その細部に渉って立法することができなくなり、西欧諸国の立法におけるが如く、大統領に対して戦時非常措置に関し広汎且つ強大な権限を委任した。第二次世界戦争に際しても、同様な措置がとられ、一九四一年一二月一八日大統領承認、第一戦争権限法 The First War Powers Act、一九四二年三月二七日承認、第二戦争権限法等によって、これまた広汎且つ強大な権限が大統領に委任せられた。

このような立法がなされたのにも拘わらず、何故に大統領の独裁政治を現出せしめなかったであろうか。議会は大統領に対して立法権を委任したが、裁判所は平時とは異ることなく、議会及び大統領の行為を審査し、連邦制度は依然として存続することができ、私権はなんら侵害されずに存した。

南北戦争の前半においては、政府が作戦部を制肘すること甚だしく、その成績があがらなかった。しかしその後半においては、作戦に対して比較的自由な余地が与えられ、遂に作戦の目的が達成されたことは、世人がよく知るところである。

第一次世界戦争に際し、大統領は総指揮官としては陸海軍の作戦に関与し、将校の任命に関しては上院の承認を要したが、フランスへ出征させる兵数は、大統領がこれを決定し、議会の承認を受けることなく、アメリカ出征軍総司令官パァシングをフランス元帥フォシュの下に置き、その統一的指揮を受けさせた。

作戦の指導に関して、パァシングが自ら述べるところを見るに、政府はかれに対して完全な自由を与え、この点に関してはアメリカ連邦の戦史中唯一の地位を占めたといっている。

一九一七年五月二六日陸軍長官が大統領の命令により、かれに与えた「欧州における指揮及び権限に関する訓令」には、左の数項が包含されており、ここにも文権優越が貫徹されている。

(一)欧州大陸並びに「グレート・ブリテン」及び「アイルランド」における、アメリカ連邦陸軍(陸軍と協同すべき任務のためこれら国々に派遣された海兵隊を含む)の指揮権を与え、在外公館における大公使館附武官等に対する指揮権を包含させせない。

(二)かれが「グレート・ブリテン」、「フランス」その他「ドイツ」と戦争状態にある諸国に到着したときは、直に在外アメリカ大使館との関係を保持し、その仲介により連邦軍隊が派遣される国々の政府と連絡をなさなければならない。

(三)戦時野戦軍の司令官に関する連邦の法令及び慣行による権限を付与し、これと同時に平戦両時において海外駐屯軍司令官が同一の条件の下に有する権限をも付与する。

その他連合作戦に関する訓令が包含されているが、ここには省略する。欧州における陸軍の使用に関しては、一般的訓令(複数)によって定められ、戦略的命令及び軍作戦に関する問題は、陸軍省の部局には委せられなかった。

大戦に際して議会は戦時行政に関しては明らかに従属的地位を占め、その任務は歳入歳出法律の立法及び行政部への広汎な権限の委任に関するものであった。

議会は巨額な経費の支出を承認したが、どんなにそれが費消されているかを知らんと欲し、併せて大統領に対して広汎な権限を委任したものの、いくぶんかの監督権を保有しようとし、一九一七年七月「戦争指導委員会」を組織し、上下両院からの各五人の議員を以て、委員とし、その権限としては経費の支出の監督に限定せんとした。しかし大統領はその戦争指導の任務を困難ならしめ、立法部が行政部の事務に関与することとなるから、その責任が分割され、かの南北戦争に際しての戦争指導委員会の不幸な先例に倣ってはならないとして、これを拒絶した。

第二次世界戦争における戦争も、第一次世界戦争における、それと大同小異であって、戦争指導のために、とくに設置された機構においても、しかるものがあった。

第二次世界戦争において陸海軍二省制の欠点が暴露せしめられた。この戦争は従前のものから二つの点において相違した。まず第一に、科学及び機械化の進歩が、主要兵器としての航空機に現われた。そして航空機は従前からの海陸といった分割線に適合しなかった。技術の進歩は従前の戦争において獲されたいずれよりも、軍事作戦に対して「速度」を加えることができた。

第二に戦闘条件として陸海空軍の協同作業が絶対的必要であることが現われた。水陸両用作戦が例外ではなく、原則となった。単一な機動部隊 Task Force として、行動する陸海空三軍による作戦の最も正確な計画によってのみ成効が確保される。必要な協同作業はティームが単一の指揮官によって指揮されない限りなしとげられなかった。

パール・ハーブァの教訓は作戦は最早や二重の指揮を以ては達成し難いことを説明した。そして各作戦地域においては単一指揮の原則が採用されるに至った。原則としてこの原則が遵守された。若干の重大な手ぬかりはあったが、基本的な概念である、海外戦場における単一指揮は遵守された。

ワシントンでは右とは相違した。二省制という責任の従前からの分割が固執された。新規な統合参謀本部が設置されたが、これとても最高統帥における統一をもち来たさなかった。右本部は単なる委員会であって、四人の委員はいずれも拒否権を有した。そしていくたの省間委員会を有した。これら委員会は自発的の結合であって、二省の相互の同意がなければ何事をも達成し得なかった。単一統帥の要素は大統領に訴える以外には欠けていた。

第二次世界戦争における独立省への三軍の分立は、人力及び物的資源において浪費を生ぜしめ且つ必要以上に戦費を支払わしめることになった。

第二次世界戦争に際しても、議会が戦争指導に関する合同委員会を組織すべしとの提議がなされたようであるが、遂に実現を見るに至らなかったようである。

行政部において設置された戦時機構中戦時動員局 Office of War Mobilization に関して一言するであろう。戦時動員局は一九四三年五月二七日の執行部命令（大統領命令）第九、三四七号によって設置された。この命令は「憲法並びに連邦諸法律とくに第一戦時権限法（一九四一年）第六〇一節ないし第六二二節により与えられた権威により、大統領及び総指揮者として、戦争のための国家動員の、より有効な調整のため」に制定されたものである。

一　大統領府の緊急処理局に戦時動員局を設置し、戦時動員局長が置かれる。

二　戦時動員委員会が設置され、動員局長が委員長となり、陸軍長官、海軍長官、軍需割当委員会議長、経済安定局長から構成される。必要に応じ関係部局の長をして委員会の審議に加わらしめることができる。

三　大統領の指揮及びコントロールの下に、戦時動員局で戦時動員委員会と協議の上行動する職責は、次の如きものである。

Ａ　軍隊においてではない、国民の人力の有効な使用、文民的な経済の維持及び保障並びに戦争の必要及び条件にかかる経済の調節、併せて軍事及び文事的需要のために、国家の自然及び産業資源の極限の使用のための、統一された計画を発展し且つ政策を指定する。

B　軍事及び文事的需要の生産、獲得、配分及び運送に関連する連邦各省各機構の行動を統一し、特別の法律による例外の場合を除き、各省各機構間の争議を決定する。

C　この命令の下に発展せしめられた計画、設定された政策及び決定された決定の実施に必要な指令、政策又は実施を各省各機構に対して発する。かかるすべての各省各機構は、これらの指令を実施し且つ必要と認められる計画報告を動員局に対してなす義務を有する。

このようにして戦時動員は、文権優越の下に文民的に実施された。

現代戦及び政治の性質は、未だかつてないほどの規模の、軍隊による文事的運営を生ぜしめている。それはいわゆる占領地行政又は軍事政府 Military Government と呼ばれるものの運営であって、それが文権優越の下に行われるか行われないかによって重大な差異を生ぜしめる。

現代戦の発展において、最も残酷な局面の一として、幾世紀に渉って努力された結果建設された戦闘員と非戦闘員の差別の払拭が存在する。軍事作戦の計画と執行と同時に文事的救済及び行政が計画され且つ執行されなければならない。ここに軍事政府の問題の重要性を見出さなければならない。たとえばアメリカ連邦に一例をとるならば、連邦は自国人民よりも多数の人に対する軍事政府の事業を遂行し、また現に執行しつつある。イタリア、ドイツ、オーストリア及び極東の各地域においてこの事業に関与したか、又はしている。

軍事政府に関する研究は、今後益々重要視されなければならない。軍事政府から文事的な占領行政への転移並びに戦争目的の遂行とこれらの行政の関係等がとくにとりあげらるべきであろう。

なお行政手続法第二節Aによって、戦時における戦場又は占領地において、行使される陸軍又は海軍の権限に関しては、行政手続法が適用されないことがとくに注目されなければならない。

なお戦時中陸海軍又は沿岸防衛隊の戦闘行動から生じた、いずれかの請求権 Claim に対しては、アメリカ連邦は責に任じない（28 U. S. C. App. 280 (j)）。

フランス

第三共和国は第一次世界戦争中戦争指導に関する制度について、いくたの試みをとげた。これは一には第三共和国における憲法制度の欠陥に基くものであり、将来の憲法の条章を規定するにあたって、とくに注意がなされなければならないことを示唆する。

政府は第一次世界戦争前において、

(一) 将来戦争の開始に際し、合囲状態に関して次の三つの準備手段を計画していた。

A 地方警察に要する人員の補助のためにする、「文民兵」Gardes Civiles の組織　この文民兵は一種の国民兵 Garde Nationale であって、秩序維持のために、主として大都会において官憲が志願者による団体を組織し、その志願者は給料、徽章及び兵器を受け、市長の命令を受けないで、直に知事に隷し、合囲状態の下においては間接に軍事官憲の命令を受ける。

右に関する規定は一九一三年八月起草され、一つの廻状によって知事に通牒され、且つ市長にも予報された。一九一四年一月七日統令として大統領の署名を得たが、開戦時においても公示されなかった。

B 動員時における、ある種の危険を防止するために設けた、「B手帳」Carnet B の制度　この手帳は政府が陸軍省及び内務省をして作成させた、国防のために危険であると思料される者の名簿である。間諜の疑いある者及び非軍国主義者をも包含し、一九一四年七月二五日現在で、その数が実に二五〇一人に達していた。原則として軍隊の一般動員が令せられると、これらの者は拘留されることとなっていたが、その実施に際し、重大な危険があるとして取止められた。

C　一九一三年一〇月の合囲状態時における、軍事官憲の警察権行使に関する陸軍省訓令　この訓令はその適用が開始されるまで秘密に附せられていた。

(二)　大統領は一八七五年二月二五日の憲法法律第三条第三項により、軍隊を「処理」する権能を有し、政府が平時においても国の内外に対する安全を確保するため必要であると認めるときは、軍隊の運動並びに集中を命ずることができた。一九一四年七月二五日から八月二日に至る、国境附近における兵力の集中などはその一例である。

政府の軍隊処理権は戦時においてもなんら変更されない。もしも大統領においてその意思があり且つこれに対する能力を有するならば、軍隊を親しく指揮することができるが、実際においては、何人かに軍隊の指揮権を委任することになり、ここに重大な困難が発見される。作戦に関しては最高統帥部に対して、完全な行動の自由を有さしめなければならないという要求が存在するとともに、政府は戦争指導に関する権能を放棄してはならない。

すでに一九一一年六月一九日上院において一議員が陸軍大臣ゴアラン Goiran 将軍に対して、平戦両時における最高統帥に関し質問をなしている。かつて一九〇二年上下両院においてこの問題がとり上げられ、下院の陸軍省予算の報告者は、各戦場における作戦の調整は陸軍大臣及び政府に属すべきものであるとし、上院の同報告者は異った戦場における作戦の調整をなすことはなく、必ず主たる戦場が存在し、他の戦場は第二次的のものであろう（ここに大元帥 Généralissime が予想されておるようだ）と述べている。陸軍大臣ゴアラン将軍は確答をさけたが、下院の報告者の説に傾き、全フランス陸軍の指揮権を（唯一の）人に付与することは困難である。これは人力を超越するものであり、政府は戦時に際し作戦全部の最高指揮権を保有し、その執行者は参謀総長によって補助された陸軍大臣である。軍集団の指揮官が存在し、各指揮官に対して一つの任務を与え、各指揮官はこれを履行するために、完全な自由を有しなければならないと述べている。

このような答弁は上院において混雑を継続させ、遂に下院でも二人の質問者を生ぜしめたから、内閣議長モニー Monis は、新聞社に与えた会見の形式で、陸軍大臣の意見を説明した。それによると、異った作戦地域における軍集団の指揮官の任務は政府によって定められ、この決定に関する特権は「政府の会議」に属し、とくに会議の複数制を主張し、この会議は大臣会議には該当せず、参謀本部及び陸軍大臣に協力する陸軍高等会議から成立する会議（複数）であるとなした。

ところがこの会見は更に混雑を生ぜしめ、同年六月二三日下院議員アンドレ・エスは最高司令官制を主張し、陸軍大臣は結局補給及び報道勤務の長官であるとなした。そこで極左党はこれは皇帝を置くものであると論じ、また他の二議員は統帥の統一の維持の必要を述べた。陸軍大臣ゴアラン将軍の答弁は、極めて単純であって、一九〇二年における下院報告書の報告を再読し、軍事研究に対し強力な刺戟を与えなければならないと述べた。そしてこの内閣は数日後総辞職をなし、遂にこれら問題は解決を見ることができなかった。

この問題を解決するために、一九一一年七月二八日及び一九一二年一月二〇日の二統令が公示されたが、遂に一九一三年一〇月二八日の、「大部隊の指揮に関する統令」が制定されるに至った。その第一条において次の如く規定されている。

国家の安危に任ずる政府は、戦争の政治的目的を決定しなければならない唯一の資格者である。戦闘が数方面の国境に渉るときは、政府は国軍がむけられる首要な敵を決定しなければならない。政府はここに兵力及び物資の配分をなし、各作戦地における各最高指揮を命ぜられた将官の完全な処理にこれを委せなければならない。

開戦に際し陸軍高等会議の副議長である、参謀総長は首要軍隊の指揮をとり、第二参謀次長は首都パリに止まり陸軍大臣を補佐することになっていた。

これらの原則は「文権の優越」の下に定められたが、必ずしも明確ではなく、実施に際し政府と統帥部の関係を困難ならしめるものがあった。

大統領に代わって軍隊の指揮を確保するために、第一に活動しなければならない者は陸軍大臣である。陸軍大臣は政治及び行政の機関である。陸軍省の長官であると同時に、議会に対して陸軍を代表しなければならない。陸軍大臣は必ずしも軍事専門家—技術家ではない。たとえ陸軍大臣が武官から任用されることがあっても、議会政治の下では、他の理由の下に統帥に適任である者から選任されるものではない。また陸軍大臣に対して作戦の指揮の全権を付与するものでもない。陸軍大臣は陸軍の指揮に必要な技能を有する者と推定され得ないから、軍隊を指揮することもできない。議会政治の下では政治の安定が予期されない。しかも戦争は平時から準備しておかなければならない。ここに平時から参謀官を有する統帥部の設置の理由が求められる。議会の多数に制せられる陸軍大臣は、戦争の準備を遂行すべく安定してはいない。更に陸軍大臣をして軍隊の指揮に任ぜしめることに関しては、憲法の秩序に基くところの反対が存している。陸軍大臣は他の閣僚とともに、内閣連帯の原則に服し、重要な政策（たとえ唯一人の大臣により副署されるとしても）は、大臣会議によって決定されなければならないからである。

従って作戦の最高指揮は、大統領の統裁の下に大臣会議においてなされなければならないという結論に達する。言を換えると、政府は最初総司令官に対して、当該戦場における敵を指定し、しかもその対抗すべき敵に対する作戦の指導のために、戦術上非常に広汎であり且つ殆んど絶対的な自由を与えなければならない。そして全戦場における一般の指導には、大臣会議又は最高司令官のどれか(ママ)が当らなければならないかが決定されなければならない。これは実際上の組織の問題である。要するに、いずれの方法が軍事上最も有効な方法であるかないかにかかっている。自由・民主主義の下では権力の集中が恐れられ、これを散在させ、責任を分割し且つ権力を破壊しようとしている。権力の集中は内治上重大な結果をひき起すおそれがある。

第一次世界戦争中の全経過において、フランスでは戦争の政治的指導及び作戦の指導に関して五つの変遷を生ぜしめている。

第一制度（開戦から一九一五年一二月二日に至る）　一九一三年一〇月二八日の統令の原則により、各総司令官は委託された戦場において、指定された目的を達成するために必要な自由を有し、執行機関である陸軍大臣を有する政府は、作戦の最高指導にあたった。陸軍大臣の各戦場における作戦の一般的整頓に任じ、この制度の下では大臣により輔弼された大統領の外に、戦時に際し唯一の軍隊最高指揮官は存在しない。

すでに述べられた内閣議長モニーの、いわゆる「政府の会議」は開戦後存在しなかった。陸軍高等会議の議員（将官）の多数に対して軍の指揮権が付与されたから、政府の会議は、自然解体されることになり、参謀本部は東部集団軍の司令部に変更され、パリにはその一部のみが残留させられ、第二参謀次長の下にあったが、実際においては右司令部の下にあった。そして国防会議は主としてその任務を平時に限っておったから、それを語るものがなかった。

政府がボルドーに移転した後に、総司令官の権限並びにその独立性が増大し、それとともに執行権のコントロールは微弱となるに至った。総司令部は「軍地帯」（一九一三・一二・二、野外要務令（統合第二条）の周囲に超えることができないような囲壁を作るようになり、一九一五年の初頭以来議会の委員会及び閣議においてこの点に関して種々論議がなされたけれども、総司令官の行動の成績が良好であったから、総司令官に対して完全な行動の自由が委せられ、政府の任務はただ認可権を有するばかりに縮小し、指揮又は指導をなさないようになった。

一九一五年八月二〇日内閣議長ヴィヴィアニ Viviani が議会においてなした答弁を見るに、総司令官は作戦の発案権及びその責任を有し、陸軍大臣は軍政にあたるものとなしている。

一九一五年六月二一日総司令部は一つの覚書において、

> 軍事、外交、財政、経済及び政治の各方面の全部における、戦争の最高指導は、総司令官の補助の下に、大統領によりなされ、更に国防会議（大統領の下に、内閣議長、外務、陸軍、海軍、財務及び内務の各大臣を以て組織する）によって補助されなければならない。

との意見を述べている。

一九一五年一一月に至り平時存在していた国防会議を召集することに決定し、大統領統裁の下に、内閣議長、陸軍、海軍、財務、植民及び内務の各大臣並びに三人の無任所大臣及び総司令官を以て組織し、一九一六年の後半において数回の会議が開催された。

次いで「サロニカ」に出兵するに至り、一九一五年一二月二日の統令により、総司令官ジョッフルをフランス全軍の総司令官となした。このように変更された制度によって、各方両の作戦の調整を唯一の人によってなさしめることは、人力に余りがあり、従って一九一三年一〇月二八日の統令第一条の精神は放棄してはならないと批評をなす者が生じた。

第二制度（一九一五年一二月二日から一九一六年一二月一三日に至る）一九一五年一二月二日の統令により、ジョッフル将軍は北東軍司令官の地位から、植民大臣に属する作戦地域及び北部アフリカ及びモロッコを除いた全戦線における仏国全軍の総司令官となり、従ってこの統令により政府は軍隊処理に関する憲法上の権限を放棄し、且つ一九一三年一二月二八日の統令第一条により明瞭に政府に留保した敵の指定に関する権限を総司令官に与えたものと解することができる。すなわち総司令官はここに各戦場における軍隊配置に関する権限を有するに至った。

この制度の利益を主張する者は軍事的理論の一致及び歴史の争うことができない教訓に基くものとなしている。しかし、㈠実際上の見地から数百万の大軍を一人で指揮することは人力を超越するばかりでなく、㈡この制度がフランス憲法上どんな意義を有するものであるかを極めなければならないとされた。だがこの総司令官の制度は憲法に違反するものではない。総司令官は単に執行機関であって、政府は総司令官を置いたために、実際上戦争指導に関し政府に属する部分までも放棄したものではない。ただ問題となることは、陸軍大臣の地位である。すなわち陸軍大臣は作戦の一般的指導を総司令官に委任し、自身が陸軍の行政長官であることに止まったと説く者があった。なお内閣議長ブリアンはこの点に関し、「政府は戦争の政治的指導並びに作戦の統制をなす」ものであると述べた。

戦争の政治的指導と作戦の統制はこれを混同してはならない。前者は連合作戦の場合において重要な意義を有し政府においてのみ始めて首要の敵を決定し、どんな場所において守勢をとり又は攻勢にいで、どんな地点に軍隊を派遣すべきかを決定することができる。政府は目的物を決定し、軍隊指揮官（軍事技術家）をして、それに対してその目的を達成させるために適当な手段をとらしめる。この以外において政府は作戦の統制をなさなければならない。政府は総司令官及び各司令官を任命し、これに信任を与えなければならない。この信任は技術的作戦の統制に基くものでなければならない。これが専門家に対する非専門家の統制又はコントロールである。このことは難事であるけれども、決して不可能ではない。この制度において政治家の憂慮するところは、統帥部の陸軍大臣の地位に対する蚕食及び統帥部の独立の誇大である。陸軍大臣は一九一三年一二月二日の統令を以て規定された野外要務令第二条第一項により、総司令官の権限の下に置かれる軍地帯を定めたが、この軍地帯において陸軍大臣等の権限が著しく侵食されることは明瞭である。この制度の下においては、統帥部は作戦の指導に関して、大きな自由を有するも、この自由は司法権の独立のようなものではない。政府は統帥に関し責に任ずるからである。ここに統帥の独立とはいわゆる技術家の独立であるとなさるべきである。一九一五年一二月二日の統令が発せられると議会は驚き、以後この制度に関し翌年六月及び一二月下院の秘密会で大いに論議された。

第三制度（一九一六年一二月一三日から一九一六年一二月二六日に至る）　下院は一九一六年一二月七日最高統帥の組織変更に関する決議をなし、政府はそれがために遂に一二月一三日の統令を以て

フランス陸軍総司令官ジョッフル将軍は、政府の側において戦争指導に関する抜術的顧問官の地位を占める。

と規定し、更に同日附の第二の統令を以て

北部及び北東部軍総司令官並びに近東軍総司令官は、各々その管掌するところにおいて、一九一三年一二月二八日の大部隊の指導に関する統令及び一九一三年年一二月二日の野外要務令に規定するところに従い、作戦の指揮をなす。

と規定した。このようにして一九一五年一二月二日の統令以前の制度に復帰する旨が明らかになされた。ところがジョッフル将軍は一二月一四日大統領及び陸軍大臣代理に書面を送り、右二つの統令の説明を求め、軍事顧問官の職務において主張し且つまだ廃止に至らなかった一九一五年一二月二日の統令に従い、軍の命令権を行使し且つ連合軍の指揮を確保しようとした。翌月二一日陸軍大臣代理は、フランス陸軍及び連合軍に関する意見及び提議は、ジョッフル将軍によって戦争委員会に提出され、同委員会はジョッフル将軍に対し、軍司令官等に対する政府の決定等は、政府の名においてこれを伝達する等と決定したと述べた。従ってジョッフル将軍は一二月二六日に至り一二月一三日の統令によって課せられた義務を辞する旨を大統領に対して要求するに至った。

第三制度の開始とともに、政府は戦争の最高指導をなすべき機関を確立することとし、当時官報によって公示しなかったが、公衆に対して告知したところによると、イギリスの例に倣い、政府内部の組織

として特別の機関を設置し、戦争の政治的指導だけを管掌させることとし、外務、財務、陸軍、海軍及び軍需の各大臣を以て、戦争委員会 Comitté de Guerre を組織し、大統領が統裁し、ジョッフル将軍は政府の軍事技術顧問官という資格を以て、この委員会の業務を補助した。この委員会はイギリスの戦時内閣とは全く異り、議決機関ではなく、単なる準備機関である。ここに準備された議案は更に大臣会議により決定され、この決定に対して内閣が責に任じた。そしてこの委員会が設置されるまでは、時々国防会議が開催された。

第四制度(一九一六年一二月二六日から一九一七年三月二〇日に至る) 陸軍大臣はフランス全陸軍の長である。一九一六年一二月二六日ジョッフル将軍は統令により軍事長官の名誉である元帥に陞進し、しかも実際においてはすべての現実の職務をとらないようになった。同日附の第二の統令を以て、総司令官を任命した、一九一五年一二月二日の統令及び政府の軍事技術顧問官を命じた一九一六年一二月一三日の統令を廃止した。

この改正を説明した政府の公報によると、近東軍は陸軍大臣に直轄し、従来総司令部に属していた戦争の一般的指導に関する問題の研究及びその準備作業は、陸軍省に特に設置された一課において管掌せしめることとし、同課は参謀本部に従属し、参謀総長に属する一将官又は上長官によって指揮監督された。しかしこの組織は不明確なものであったといわれていた。陸軍大臣の指揮の下において、戦争の準備及び給養に関する、すべての問題が研究され且つこれに復帰せしめられ、その得られた結果は、陸軍大臣において関係の大臣及び軍司令官に通告し且つその執行に必要な整頓を確保する責に任じた。この第四制度の下では、政府は戦争の指導をなす戦争委員会により代表され、陸軍大臣はその執行機関であって、政府の名の下に統帥権を行使した。

第五制度（一九一七年三月二〇日以後）　リボー内閣は一九一七年三月二〇日に成立し、この内閣は前内閣とは異って、陸軍大臣には陸軍将官を以て充当しないで、これを文民である政治家から求め、パンルベ Paul Painlevé がその任に当った。やがて陸軍大臣の地位にも変化が生ぜしめられ、大体において一九一五年一二月二日に至る第一制度に復帰した。すなわち総司令官を認めず、政府が戦争の政治的指導並びに作戦の一般的コントロールに任じた。この内閣の下においても、戦争委員会の制度は存続し、しかもその構成において多少の変更がなされた。

一九一七年四月の攻撃失敗後四月二〇日、内閣は陸軍参謀総長の地位を設け、最初ペタン将軍を以てこれに充て、五月二〇日参謀総長の職権に関する統令が制定された。なお同日附の他の統令を以て、各軍司令官に対し、戦場における作戦の一般計画の執行に関する独立を確保した。

一九一七年五月一五日ペタンは総司令官となり、その後任にはフォシュ将軍があたることになった。しかし両者の関係に関しては、なんら規定されなかった。次いでフォシュが連合軍総司令官となるに及んで、一九一八年六月二六日内閣議長クレマンソーはペタンをしてフォシュの命令の下にあらしめるように決定した。だが参謀総長の制は廃止されることなく終戦に及んだ。しかしフォシュが連合軍総司令官への就職により、事実上この地位から去ったようである。

これより前に、一九一七年九月一三日パンルベ内閣が組織されると間もなく、統令を以て戦争委員会を規定し、次いでクレマンソー内閣に至り、その組織が変更された。この組織は終戦まで継続せしめられた。この最後の形態における戦争委員会は、大統領の下に、内閣議長（陸軍大臣）、外務、財務、海軍、軍需及び封鎖の各大臣から組織され、参謀総長及び海軍軍令部長はそれぞれ発言権を有し、これに列席した。この委員会は戦争の政治的指導をなし、少くとも毎週一回会議を開き、参謀総長及び軍令部長は報告者の地位を有した。

議会は政府の戦争指導に関して、どんなコントロールの権限を有したであろうか。この権限は両院とも平等であって、そのコントロールの方法も西欧諸国に行われるものと大差はない。

議会は政府の行動に対しコントロールの権を行使するにあたって、三つの通常手段を有する。

(一) 両院及びその特別委員会による予算の審査（この審査にあたって、政府に対して法律の執行、経費の使用及び政務の運用に対して意見を述べることができる）。

(二) 公開の議場における質問

(三) 委員会における各省大臣からの意見の聴取

ところが戦時の状態は、勢いこの三方法に対して変更を生ぜしめるに至った。すなわち両院の予算審査権は減少し、他の二手段は適用することができるけれども、その重要性を変更せしめるに至った。これは戦争が秘密の保持を要求し、自由の討議を許さないことに基くものである。

ここにおいて議会のコントロールの方式は重大な変化を見るに至った。かくして新規に生じた慣行は、とくに注目に値するものがある。

(一) 秘密会　戦争の継続中議会は平常時におけるが如く、質問によって政府をコントロールすることができない。政府はすべての質問に対して、公然答弁することが許されなかったから、種々の曲折を経て秘密会が認められるようになった。

(二) 委員会の行政的コントロール　一九一六―一七年においては、本会議における質問による、両院のコントロールの実施は、重大な困難にあい、充分効果をあげることができなかった。従ってこれらの任務は事実上議会（大）委員会に属するに至った。これら委員会は法律案を審議し、各省大臣の説明を求め且つ報告をなすべく任命され、各省大臣に対してコントロールの権限を行使した。

第一次世界戦争前において予算委員会は、陸軍の諸勤務部につき検査をなし且つ現場において調査をなすことができる法律的権限を有していた。一八七六年までは、経費であって陸軍のために費消されるものは、会計検査院において単に文書について、その文書の正否の検査をなした。一八七五年に約三千万フランが軍備整理のため陸軍大臣から要求され、ガンベッタの発議により国民議会の予算委員会は毎年両院の財政委員会が各議員二人を選び、軍需品の状態を個々に且つ現場において検査せしめることを以て附帯条件として右予算を可決した。

更に一九〇六年の財政法第四三条において、財政委員会の代表者の検査に関する権限を明確にし且つその任務達成のため、その代表者に対し陸海軍官憲は便宜を供与しなければならない旨を規定した。

一九一四年の夏フランスの軍備がドイツのそれに劣っていることに基き、議会において軍事予算の増額が論議され、前掲財政法第四三条の外に一九一四年七月一五日の財政法中に一条（第一三条）を加え、毎年各院の財政委員会は各五人からなる小委員会を任命し、国防に関する予算のコントロールをなさしめる旨を規定した。

戦争開始後現代戦が総力戦となる傾向が現出し来たり、政府のみを以て戦争を処理することができないことが分明するに至った。一九一五年の初予算委員会はコントロール権を行使せんとする意思を表示し、六月に至りその検閲権を全国に拡張するために二部を形成した。政府は一八七六年、一九〇六年及び一九一四年の前掲三法律の規定は、戦時に際し適用してはならないとしたが、数週後には遂に譲歩するに至った。

政府は一九一五年六月二〇日に至り、陸軍委員会の委員に対して、軍地帯以外にある諸施設への有効な出入の自由を与えた。そして議会の代表者が陸軍省の各部局に自由に出入することに関し、各局長の反対があったが、一九一五年二月一七日に至り、その出入の自由を認めた、予算委員会の代表者は、陸軍委員会の代表者とともに、兵器小委員会を組織し、諸資材倉庫を視察した。そして一九一七年六月三〇日の財政法第七条において、両院の財政委員会の報告者は、各省予算に規定した経費の使用を、絶えず注意し且つ監督すべしと規定し、かれらに対しその任務達成のため、必要な情報を与え、予算全体の監督は会計年度閉鎖後において行わず、その支出中において行うとする新原則が立てられた。同年一〇月二日に至り、下院は法令の違反を表示した請願書を集め、委員会により推薦され且つ政府によって承認された処置の不採用を調査するために一委員会を組織すべく決議した。

(三)　軍におけるコントロール　議会の調査権が政府によって原則として承認されたから、この調査権を総司令官の権内にある、軍地帯における諸勤務に対しても及ぼすべきかに関して論争された。陸軍委員会は工場、糧食又は材料倉庫、病院を巡視することを以て満足せず、補給の実施を現場において監督し、傷者の後送を補助し、戦闘員についてその要求を知ろうとした。議会と政府はこのようなコントロールに関し争い、一九一六年六月下院の秘密会において、長時間に渉る討論の結果同月二二日本会議において、ブリアン内閣の信任を問い、その決議中に、下院はその直接代表者を以て組織し、これらの者が政府の側において有効で且つ現場における軍の需要に対し供給に当たる使命を有する、すべての業務に対し監督をなさんとする旨を加えた。

このような決議は下院の権限を超越したものではない。下院の軍事委員会はこの決議を実施するために、三案を得た。そして下院はコントロールに関し直接代表の制をとらんとしたが、非常な困難にあい、長い討論の後この主義を根本において放棄し、一九一六年七月二六日下院はその（大）委員会（複数）に対して、六月二二日の決議に基くコントロールの行使について、必要な権限を付与した。一方上院においても七月九日の会議において、そのコントロールに関する一般的権限を明瞭になすべく議決した。一九一七年一〇月一二日に至りパンルべは一つの廻状によって、このコントロール制の確立に関する規定を発し、戦争開始後三九箇月で、ようやくコントロール制の確立を見るに至った。

第二次世界戦争における戦争の指導は、フランスの再建の見地からすれば重要視されなければならない。しかし第三共和国の憲法制度はナチス・ドイツの占領によって崩壊せしめられ、来るべき第四共和国憲法の制定に至る間の中間段階における戦争指導は、いわゆる抵抗戦の遂行に属し、本著の所期からは、省略すべきであろう。

一九四〇年七月一〇日から一九四五年一一月六日に至る間においては、フランスは二つの臨時政府を有した。その一が、ヴィシー政府であって、一九四〇年七月一一日から一九四四年八月に至っている。その二が、共和国臨時政府である。かなり長期に渉って、これら両政府は同時にその機能を発揮していた。その一は本国において、その他は植民地において、それぞれ権威を行使した。第二のものの管轄権が第一のもののそれを全く吸収するまでは、第一のものの犠牲においてその権威を漸次拡大することをやめなかった。

一九四五年一〇月二一日に選挙された憲法制定議会は一一月六日に始めて集会し、臨時政府はこれに辞表を提出した。一一月二日の法律により公権の仮組織が規定され、一九四六年四月一九日の憲法案は、五月五日の国民投票により否決され、第二次憲法制定議会により九月二八日に至り一つの憲法案が可決され、一〇月一三日の国民投票によって可決され、憲法が一〇月二七日に至って公布された。

ドイツ

第一次世界戦争においては、プロイセン・ドイツ、第二次世界戦争においてはわが国により、総力戦が絶対制的に指導され、両国とともにそれぞれ崩壊の運命に遭遇するに至った。

プロイセン国王は戦時に際し、平時と同様に首相及び参謀総長から別々に上奏を受け、国の元首及び大元師としての、両種の資格において、戦争の政治的及び軍事的方針並びにその決定の唯一の結合を親裁した。国王は政治（政略）と戦略の連絡をなし、国王以外においてこれら両者のその調整指揮をなすものなく、これら両者の管掌者の意見の交換は、国王の命令によってのみ行われた。

ビスマルクは一八六六年の普墺戦争及び一八七〇年の普仏戦争において、戦争の指導に関し政治的指導の優越を確保することができた。第二帝国においては、政治と戦争指導の関係は、この見地から建設された。すなわち帝国建設に際し軍制と政治的憲法において、破られない統一性が作られた。軍人国家と市民的法治国の両立ではなく、軍人社会、市民社会及び王権を包括する総秩序の単一性が、ビスマルク憲法の原初的建設方針であった。ビスマルクの罷免とともに、憲法の単一性の決定的破綻が生じ、その後において軍制と政治的秩序が、恐るべき対立を生ぜしむるに至った。

卓越した指導者が同時に政治家であり、また戦帥 Feldherr でもあった場合は、歴史的には一回性的な例外的現象である。このような場合は常に予期することができない。とくに王制の下においては、偉大な国王の例外的な場合があったために、統治者の誤解された権威を通例のものとみなし、且つ「政略及び戦略」の問題が解決されているとする誘惑がある。すべての戦争において政治家と実戦の指揮者が同一人でないときは、緊張された両頭主義が行われる。すなわち理論的にも実際的にも軍事は政治から分離することができない。あらゆる顕著な軍事の作為及び不作為は、その政治的影響を有し、これと同様に政治的方策は軍事行為に反応する。あらゆる戦争において必然的に政治的又は軍事的決定の優越の問題が生ずる。戦争に際し軍事的及び政治的指導が単一性を形成しなければならないということは、従前からの且つ当然な考案である。この単一性が軍事権の優越又は政治権の卓越した指導によって形成されなければならぬかが、常に論争される問題である。理論的熟考及び歴史的経験は、戦争においても、軍事作戦が政治的指導の一作用として存するときにおいてのみ、効果あるように指導され得るとの認識を余儀なくされておる。

第一次世界戦争中すでに述べられたように、西欧自由主義国家においては、政治と戦略の一致が維持されることができた（イギリスではロイド・ジョージ、フランスではクレマンソゥによってなされた）。これら両国がその国家構造の単一性を有し、いずれも議会政治を採用していることによって生じたものである。アメリカ連邦に関してはとくにここに述べることを要しないであろう。しかしここでも政治と戦略が相互に衝突し又は差違を生じたこともあったが、これは単に統帥部と政府、軍事的管轄の間に生じた。そしてドイツであったように常に根底まで掘り下げられることはなかった。

軍人国家と市民的憲法国家から成立した二重の国家構造の下にあった、プロイセン・ドイツでは、そのすべての自由主義的市民は、普墺及び普仏戦争のような、軍事的勝利及び外交の成功に際してのみ、軍隊と戦争に対し全然満足することができた。これなしには議会は免責法、憲法違反、国事裁判所を談らなかったであろう。すなわち戦争は自由主義的市民からも、決して一般的に且つ無条件に否認されなかった。しかしもしも戦争が一度勝利を得なくなるならば、「憲法妥協」の根本前提は消滅したであろう。ここに市民たちは必然的に自由・民主主義的憲法国家を要求するに至るであろう。

世界戦争はプロイセン・ドイツにとって不利であった。ここに軍人国家と市民的憲法国家の間において解決し難い争議がひき起され、その結果は内政に対し破壊的に作用し、プロイセン・ドイツは遂に崩壊するに至った。尤も戦争中に議会政治が採用されたけれども、これは全く後れ馳せの処置にすぎなかった。

戦争が漸次全体戦的傾向を有するに至り、指導の単一性が要求されることが分明したが、大元帥にはその能力が欠けていたのみならず、この任にあたるべき大政治家も存在せず、ただ軍事方面のみが残されておった。しかしこの方面でもその成効が得られなかった。

ドイツでは政務と統帥の調和ある共働を容易ならしめるために、なんらの準備がなされなかった。これはこのような準備が、皇帝の理論的至上権を組織的に制限するであろうことを欲しなかった皇帝の性質及び戦争をなし得る限り政治的見地から害されることなく遂行せんとする軍人の希望によるものであったといわれている。

ドイツ帝国の下では、政務（戦争経済を含む）及び海軍行政に関しては帝国宰相、陸軍の行政に関しては陸軍大臣、占領地行政に関しては皇帝に直隷する占領地総督、陸軍の作戦に関しては参謀総長、海軍の作戦に関しては海軍軍令部長及び海軍軍事内局長がそれぞれ管掌した。統帥権は皇帝の一身に専属し、陸海軍当局は帝国議会に対しては責に任ぜず、帝国宰相は統帥権には関与しなかった。戦争指導の単一化を企図すべく、なんらの機構も設置されず、政治と戦略の結合一致は皇帝に専属し、帝国宰相と最高統帥部（これは最高陸軍統帥部である）の関係の調整に関しては、皇帝自身がその指導の統一及び裁決をなさなければならなかった。

大戦を通じ陸海軍に通ずる最高統帥部は設置されなかった。陸海軍の作戦に共通する問題に関しては、参謀総長が決定権を有すべきことが暗黙の裡に承認されておった。後に至ってヒンデンブルグ――ルーデンドルフの最高統帥部は、その優越した権威に基き海戦の指導に関しても、その意見を貫徹することができた。しかし陸軍と海軍の軍事的協力の有効な協同は達成され得なかった。陸海軍の統一的指導ができなかったのは、第二帝国の政治的憲法構造（一部分連邦的であり、一部分統一的であった）の影響に基くものである。

大戦に際し最高（陸軍）統帥部は、形式的には皇帝の掌中に存した。参謀総長（大本営幕僚長）は皇帝の輔弼者であり、もちろん大元帥でもなく、また戦帥 Feldherr でもなかった。一般動員規程に基いて、大本営幕僚長は皇帝の名において陸軍の各司令官に対し、作戦命令を発し得た。最高統帥部はこれにより実際上参謀本部の掌中に置かれ、大元帥は大本営にあって通例の上奏を受けたが、引き下がっていた。大戦中英米仏等においても、総司令官は作戦命令を発する権限の委任を受けた。しかし統帥に関する根本主義を異にするために、右のような現象を生じなかった。

皇帝及び（陸軍）軍事内局長は、平時には陸軍大臣が統帥事項に関与することを妨害すべく努力した。しかし著しく大きな戦争となったため、皇帝の精神力が大元帥たることができないようになり、皇帝及び軍事内局長は漸次統帥権から排除され、この間隙に参謀本部の独裁力が入り来たった。皇帝が陸軍の統帥から除外されるに至ったことは、（陸軍）軍事内局の退歩を生ぜしめた。戦争に際し組織的、作戦的及び戦略的な問題は、参謀本部において処理され、軍事内局長の任務は将校人事に限定されるに至った。軍事内局が戦争中政治に関与したかしなかったかに関しては暫く措き、戦争の要求を充足し得るように将校人事を処理し得たかは疑問とされている。大戦のような大規模な戦争に際し、将校人事に通暁することは、全く不可能であり、軍事内局長が皇帝の意思によって、常に影響を受けておったことも忘れてはならない。なお軍事内局は陸軍の重要な指揮官の補任及び参謀総長の補職に関し重要な地位を占めたことは確実である。

開戦に際し陸軍大臣は首都ベルリンに残留すべきか又は大本営に随伴すべきかに関して、予め決定されておらなかった。皇帝は開戦後間もなく（一九一四・九・一四）、陸軍大臣フォン・ファルケンハインをして参謀総長を兼ねしめた。（その責任者はフォン・モルトケであった）。これは開戦に先だち海軍長官チルビィッツが有しておった意見を陸軍において実現したものである。軍事指導の統一は所期の結果を確実に生ぜしめ、参謀本部と陸軍省の統一的処理によってのみ、相互の職責から生ずる困難が避けらるべきであった。これら両官庁の相互の信頼関係は一九一六年八月まで継続した。尤もファルケンハインは、一九一五年一月参謀総長専補となった。帝国宰相ベートマン・ホルウェッヒは、これら両官職は、一は有責任であり、一は無責任であるからとて、その分離を主張し、ファルケンハイン自身もまたこれら官職の兼任は人力に余るものであることを自覚したのによるものである。その後任陸軍大臣は開戦当初とは異って、自身は大本営にあってその代理者をベルリンにおいた。後にヒンデンブルグ――ルーデンドルフの最高統帥部においては、陸軍大臣は、陸軍大臣はベルリンに帰還せしめられ、これがため陸軍大臣代理は免ぜられた。この時までは陸軍大臣は、政治問題に関しては、帝国宰相の方針に従っておった。ここに陸軍大臣はまず第一に、最高統帥部の意見に従わねばならないようになった。陸軍大臣は大戦中作戦に関しては影響を与えず、議会における代弁者であって、人及び資材の供給者たらしめられ、この職責もやがて縮小せしめられた。陸軍大臣は(一九一六・八)ベルリンに帰還し、大本営には一佐官がその代理者として残留し、最高統帥部はその欲するところを陸軍省に命じた。

一九一六年八月二九日に至り、皇帝は軍隊及び人民の意向の圧迫の下に、ヒンデンブルグを参謀総長、ルーデンドルフを参謀次長(補給総監)に起用した。実にこの日を以てビスマルク帝国の清算、強いていえばドイツ革命が開始された。ここに最高統帥部の独裁が生ずるに至った。この第三次最高統帥部はその前者とは新次長の地位によって区別された。第一次及び第二次の最高統帥部(フォン・モルトケ、フォン・ファルケンハイン)においては、参謀次長は総長の単なる補助者及び助言者に過ぎなかった。全決定権は参謀総長に属し且つ同職が完全な責任を負担した。このような関係はルーデンドルフの補職によって変更せしめられるに至った。参謀次長は最高統帥部のすべての、決定及び方策に関しては全共同責任を負担するようになった。全共同責任は必然的に全共同決定権を前提とし、これによってドイツ軍隊に対して独特な二重指導権が与えられた。この状態から十分効果がある補完が生じたことは、ヒンデンブルグ及びルーデンドルフの間に存した人的関係の特性に基いたものである。実際上右から最高軍事指導の新形成が生じた。すなわち参謀総長は大元帥の作用、参謀次長は参謀総長の任務をとるようになった。換言すると、参謀次長は、ヒンデンブルグ元帥の下において軍総作戦の固有な指導者となり、遂に世界戦争の指導者となった。ルーデンドルフはその独裁を生ぜしめる手段として、ドイツ軍隊の旧来の観念に対し、全く新規な解釈をとり「自己の責任をとることができるかできないか」を以てした。ルーデンドルフはその大元帥に対する責任を以て、あたかも責任大臣の如く解釈し、たとえば帝国宰相がルーデンドルフの戦争指導に関する意見に反する政策を遂行せんとするときは、後者は責任を負担することができないとして、辞任を申し出で、その結果却って帝国宰相の辞職を見るに至った。このように責任負担不能の下に、皇帝に対して、軍事的方面のみならず、重要な政治的問題に関しても、自己の意見を強要した。そしてこの関係は戦勝に対する期待が、ルーデンドルフにかかっている限り継続を見た。

一九一六年八月までは皇帝は少くとも形式的には統帥権を行使していた。しかしその以後皇帝の統帥権は全く装飾物となるに至った。すでにモルトケ及びファルケンハインの下においても、皇帝は戦争決定において僅少の関与しかなさなかった。尤も皇帝は重要な問題に関しては、予めこれを聴取し且つ命令を下していた。戦争が進展するに従って、参謀総長は皇帝に対し独立的地位を占めるようになり、「最高統帥部」は「大元帥」よりも、参謀本部に関連を有するようになった。これは事物の性質に基くところである。

一九一六年一〇月一六日に至り、中央党は帝国議会の本会議において、戦争指導の政治的決定に関しては、帝国宰相のみが議会に対して責に任ずる等々と宣言した。これはルーデンドルフの独裁に対する公式的認定である。中央党はなおも帝国憲法を遵守することに努力し、帝国宰相は戦争指導の政治的決定に対し責に任じ、しかも統帥部の欲するところを常に履行し、これによって帝国宰相は最高統帥部の代理人となり、統帥部は議会に対して責に任ずることなく、最高の無責任の権威者となり、帝国宰相がこれを承認しないときは辞任しなければならないとした。ここにとくに注意を要することは、皇帝が帝国宰相と最高統帥部の間における調停者ではなかったことである。これはすなわち皇帝の政治的勢力の失墜を承認するものである。

皇帝が戦争中時々首都ベルリンに帰還したが、ある場合においてはその滞在が数時間にすぎなかったことさえもあった。従って人民又はその代表者との関係において失われることが多かったことは、政治上の一過失といわなければならない。

戦争指導に関し、帝国宰相と最高統帥部の関係を見るに、「ドイツ（プロイセン）の国家構造の下においては、軍隊は国家内において一個の独立する国家のような特別の地位を占め、その軍事的戦争の準備及び戦時中の軍事行動を、国家の総政策に対して組織的に排列しないような危険を包蔵し、戦争の政治的及び軍事的指導は互に相排斥し、各々一体をなすものではなく、相互に作用すべきものであるから、ここにもまた一つの危険が包蔵されている。従ってこれらの危険は、戦時に際し、最高統帥部に対し政治的指導機関である帝国宰相の自由を局限する力を与え、これがために互に相対抗する内部の二勢力の混乱を増加するのみ」であった。帝国宰相代理であったパイエルは次の如く述べている。

政府と最高統帥部の意見の相違及び衝突は、事物の性質に基くものであって、実際上この衝突は国法上の方式、協定又は事物分業規程等によって、これを避け又は決定さるべきではない。最終の目的の成効に関係を有する力によってのみ、これを決定し、避けることができる。

大戦中最初二人の参謀総長（フォン・モルトケ及びフォン・ファルケンハイン）は軍事方面に没頭し、帝国宰相ベートマン・ホルウェッヒもまた軍事的戦争指導には関与することなく、開戦後二年間は文武両官憲の間に甚だしい衝突がなかったようである。

ヒンデンブルグ及びルーデンドルフは帝国最高官吏である帝国宰相の任免権――皇帝の顕著な一特権を敢えて侵犯するに至った。一九一六年来両将軍は帝国宰相ベートマン・ホルウェッヒの罷免を要求した。翌年七月一一日にプロイセン選挙法改正に関する国王の詔勅が発せられたが、両将軍はこれを喜ばず、この機会に帝国宰相を罷免せんとした。すなわち皇太子をして右詔勅に反対させ、両将軍は辞表を提出した。しかるに宰相は戦争の重大な時機に際し両将軍を失うことは、国家の損失であるとし、同月一三日に至り遂に辞表を提出した。

ここに最高統帥部は皇帝、宰相及び議会の多数党よりも、強力となり、大元帥の下における従来からの地位から断然離脱するに至った。最高統帥部は皇帝の統治権、帝国政府の行動及び帝国議会の議決権の上にまでも、その責任を延長し、最高統帥部は帝国議会の講和決議に関し、軍隊の戦闘力の損失をおそれ、これについてその責任を負担することができないと答弁した。

皇帝は帝国宰相の任免に関し、独立であり得ないようになり、その後任に関し種々の困難を見た。最高統帥部とくにルーデンドルフはミハエリス Michaelis をその後任者として推薦し、皇帝において殆んど知合いではなかった、かれが遂に宰相に任ぜられた。

一九一七年八月に至り、最高統帥部は軍事的及び政治的指導の協力の一致に関し、皇帝が無能力であることを確認せしめんとし、同月一〇日ヒンデンブルグによって署名された覚書において、最高統帥部が何故に前宰相と衝突しなければならなかったかを、新宰相に対して詳細に述べた。そして必要な統一は最高統帥部及び政府の統轄者の相互の協議によって得らるべきものであると提議した。なお最高統帥部が発言を欲する事項を、その末尾にかかげている。この進展に関して創議権を有しなければならなかった皇帝に関しては、この覚書中には殆んど記載されていなかったこともみのがしてはならない。

一九一七年七月一三日に至り、七五才のヘルトリング伯が帝国宰相に任ぜられた。同伯はプロイセンの軍事的貴族的政治並びにまた議会政治をも好まなかった。その理想とするところは民主的君主制であった。

一九一八年一月一二日に至り、帝国宰相ヘルトリング及び最高統帥部における、ヒンデンブルグ及びルーデンドルフ両将軍の会談の結果、前者は大本営における責任の問題に関する、両者の相一致した意見の標準を送付した。その内容は次の如きものである。

講和談判に関する責任は、帝国宰相が憲法に従って負担し、分割された責任は不可能である。最高統帥部は講和談判に際し、顧問の資格において参加する権利及び義務を有する。その意見の相違は、双方の協議によって解決されなければならない。もしもこれに成功しないならば、皇帝の裁決を求めなければならない。ここに皇帝が下すところの裁決は、軍事官憲に対してはなんらの責任を負担せしめるものではない。

その後の戦争の経過は頗る不利であって、ルーデンドルフは人民の信頼を失い、一九一八年一〇月二六日に至り罷免された。これは帝国宰相が要求したところにより、皇帝の裁可を得たものであった。ルーデンドルフの罷免とともに、政治的指導に対する軍事権の優越は確定的に崩壊するに至った。そしてヒンデンブルグを長とする最高統帥部は純軍事作用に限定されるようになった。革命の勃発とともに、皇帝は身を以てオランダに逃走し、ここにプロイセン王国及びドイツ帝国は終りを告げるに至った。

皇帝ウィルヘルム二世は、その祖父ウィルヘルム一世が高年に至るまで軍事に関しても絶倫な精力を有していたのとは、全く異り、陸海軍に関して愛好心を有していたが、戦闘人ではなかった。帝国憲法によれば皇帝は、戦争指導の中心として、政治及び軍事の統一を期すべきであった。大戦における比較のない困難は、皇帝をしてその任に堪えしめることを不可能ならしめた。

帝国議会は大戦初期においては、その直前におけると同様に、軍事官庁組織、とくにこれまで劇しく論争して来た軍事内局に対しても反対しなかった。議会が一度戦争の目的及び必要な内政の改善に関し、最高統帥部と意見を異にするようになり、再び攻撃を開始するに至った。この攻撃は戦争中に経験した立憲主義的・責任的機関に対する、無責任な軍事機関の優越に対して向けられた。

一九一六年一〇月二七日帝国議会の本会議において、帝国憲法第六九条に基く、その予算議定権に関連し、予算委員会を以て、議会の本会議の開会とは独立して、外交及び戦争に関する事項を審議する機関となすべきことが、多数を以て可決された。この決議は、帝国憲法の範囲を超脱し、帝国議会の一種の自己集会権を制定したようなもので、皇帝により議会が延会された場合においても、有効となさんとした。しかし政府は右に対して沈黙を守った。

一九一七年三月一四日帝国宰相ベートマン・ホルウェッヒは、プロイセン下院において内政改革の必要を三級選挙法の改正とともに強調した。同月二九日に至り帝国議会において宰相及び同官房に関する予算の審議に際し、国法的問題の審査に関する二八人の委員会の組織が提議された。このいわゆる「憲法委員会」は五月二日社会民主党議員シャイデマンの統裁の下に集会し、同月四日の最初の議事において、帝国議会及び連邦参議院に対して存在しなければならない大臣責任の確立、国事裁判所の設置及び五〇年以来主張され来たった将校辞令の副署並びに陸軍大臣の責任を審議した。帝国憲法第五三条（皇帝は海軍の将校及び官吏を任命する）の規定の中に、「帝国宰相又はその代理として帝国海軍長官の副署の下に」を加え、第六六条に、「連邦軍隊の将校の任命は当該連邦陸軍大臣の副署の下になされる」を加えなければならぬとし、陸軍大臣（バイエルンを除き、プロイセン、ザクセン及びウュルテンベルグ）は、新条（第六六条二）により、当該連邦軍隊の行政に関して帝国議会及び連邦参議院に対して責に任ずるとなさんとした。

右は陸軍大臣の国法上の地位及びその責任の規定の充足であって、これと同時に、陸海軍軍事内局の管掌事項を削除し、陸軍大臣又は帝国宰相の下に置かんとするものである。

憲法委員会において、一政府委員は憲法改正案に対し次のような政府の意見を述べている。

将校の任命に関し政治的責任を負担することは、プロイセン陸軍の歴史的伝統を破壊するものであって、同陸軍の多くの特徴は、合理的考慮の下になされたものよりも、むしろ伝統によるところが多い。従って相当の理由がなければ、その変更は許されない。帝国陸軍なるものは存在せず、プロイセン、ザクセン及びウュルテンベルグの各陸軍が存在するのみである。

もしも帝国議会が将校の任命に関して、陸軍大臣の責任を求めるならば、それは連邦の法律的本質を拭い去るものであろう。

憲法委員会において種々の論議がなされたが、修正案は遂に可決された。それにも拘わらず皇帝は一九一七年五月八日に、(陸軍)軍事内局長を通じ、帝国宰相、海軍軍事内局長、文事内局長及び陸軍大臣に対して、従前と同様将校辞令の副署には決して同意しないと述べしめた。

一九一七年一〇月四日の憲法委員会の憲法改正に関する二つの報告書によると、第一報告書においては第九条、第一五条、第一七条、第二二条、第二六条ないし第二八条、第三〇条、第三一条及び第七一条の改正、第二報告書においては第九条末項の削除が主張されている。

その後の経過は暫くここに措き、頗る奇怪にも議会政治の採用が最高統帥部によって促進され、その要求が一九一八年九月二八日に至り帝国宰相ヘルトリングに致された。次いで種々の案が試みられたが、遂に一〇月五日プリンツ・マックス・フォン・バーデンが帝国宰相に任ぜられ、ここに憲法改正によらないで議会政治が遂行されるに至り、一〇月二二日に議会は再び集会し憲法改正の審議をなした。

ドイツとアメリカ連邦の平和交渉に関する一々の経過に関しては、ここに省略する。一九一八年一〇月一四日の大統領ウイルソンの第二回通牒中において、あらゆる専制的権力の絶滅、少くとも事実上の無力が要求された。同月二三日の第三回通牒中において、「ドイツ人は帝国軍事官庁を民意に服従せしめるの手段を有しない」と述べられている。* 宰相マックス・フォン・バーデンは憲法改正案が平和交渉の基礎を作るであろうと解した。

＊ 太平洋戦争に際しては、わが国はポツダム宣言によって自由・民主主義化が要求されている。

一九一八年一〇月二八日に至り遂に帝国憲法中一部改正が行われ、ここに軍事独裁者の権力は帝国議会の多数党に移った。第一一条に二項が追加され、宣戦の布告は連邦参議院及び帝国議会の同意を必要とし、講和条約であって帝国立法に関係あるものは右両者の同意を必要とした。第一五条に三項を加え、帝国宰相はその職務執行に関し帝国議会の信任を必要とし、皇帝が憲法によりその権限の行使においてなす、すべての政治的意義がある行為の責任を負担し、互に宰相及びその代理は、その職務の執行に関し連邦参議院及び帝国議会に対し責に任ずることとした。すなわち皇帝の統帥権の行使であって、政治的意義を有するものは、無責任且つ独裁的な参謀総長又は軍事内局長において決定することができないようになり、有責任な帝国宰相を要するようになった。その責任は道徳的＝歴史的から国法的＝法律的に拡張された。

第五三条及び第六四条の改正により、将校人事に関する独裁的処理が消滅せしめられた。第六六条二として、「皇帝の命令権の行使並びに帝国陸軍の行政に関しては、バイエルン軍を除くの外帝国宰相は連邦参議院及び帝国議会に対して責に任ずる」との規定を置かんとしたが、種々論議の結果成立を見るに至らなかった。

第六六条第三項及び第四項の追加により、各連邦陸軍大臣は将校人事に副署し、各連邦軍隊の行政に関し連邦参議院及び帝国議会に対して責に任ずるようになった。

ここに古い王朝憲法は修正されたばかりか、その核心——独立的な軍制及び統帥権において破壊された。軍制と憲法の関係に関し、このような歴史的変遷は重要な認識を生ぜしめた。かつて軍制から絶対制が生じたように、軍制の廃棄は政治的全秩序を破壊した。これは憲法改正法律が憲法改正的ではなく、憲法廃棄的性質を有したことを意味する。憲法修正事業ではなく、法律革命の過程であった。

日本

明治憲法の下においては、戦争の軍事的指導に関して大本営が設置されることを以て例とした。戦争の開始に関しては御前会議が開催され、国務及び統帥の見地から、その決定が審議された。

明治二六年勅令第五二号戦時大本営条例

第一条　天皇大纛下ニ最高統帥部ヲ置キ之ヲ大本営ト称ス

第二条　大本営ニ在テ帷幄ノ機務ニ参与シ帝国陸海軍ノ大作戦ヲ計画スルハ参謀総長ノ任トス

この条例の下に日清戦争は指導された。この第二条はとくに注目をひく規定であって、プロイセン・ドイツの軍制の影響を受けており、陸軍の海軍に対する優位が規定されている。ところが後に海軍側の主張に基いて、この条例は改正されるに至った。

明治三六年勅令第二九三号戦時大本営条例

第一条　天皇ノ大纛下ニ最高ノ統帥部ヲ置キ之ヲ大本営ト称ス

第二条　参謀総長及海軍軍令部長ハ各其ノ幕僚ニ長トシ帷幄ノ機務ニ奉仕シ作戦ヲ参画シ終局ノ目的ニ稽ヘ陸海両軍ノ策応協同ヲ図ルヲ任トス

等の規定を有し、陸海軍が対等の地位に置かれることになった。ここに陸海軍の、戦争における対立を生ずる契機が見出される。すでに述べられたように、明治初年の建軍に際し、陸軍はフランス式、海軍はイギリス式に則って建設され、後に至って陸軍が海軍に比して、より強度にドイツの影響を受けるに至ったとともに、陸軍における指導者が主として長州藩出身、海軍におけるそれが鹿児島藩出身であったこと並びに陸海軍対等の軍備への主張等に基いて、右の規定がなされるに至ったと解すべきであろう。
この大本営条例の下に日露戦争が戦われた。日清及び日露の両戦争は、明治天皇の最高指導の下に、藩閥出身の元老及び官僚軍人によって指導され、いわゆる政戦両略の調整が原則として好都合になされることができた。両戦争とも、ここにその人名をかかげるまでもなく、殆んど同一人によって担当され、これらの人々は同質であって、たとえそれが軍人であっても、よく政治が何たるかを理解していたようである。このような現象は全く一回性的なものであって、常にその出現を期待することは不可能である。
太平洋戦争の戦争指導に関しては、まず第一に大本営に関して述べられなければならない。昭和一二年十一月六日の閣議において、陸海両相の要望により、
今次支那事変の発展に伴ひ帝国としては断乎たる態度を執ることが必要となつた。仍て明治四十年に制定された軍令に依り純粋の統帥権に基く大本営を設置する。従つて明治三十六年に公布された勅令第二百九十三号戦時大本営条例はこれを廃止する。
ことに決定され、一一月一八日右条例の廃止及び大本営令（軍令の形式による）が、公布及び公示された。
昭和一二年軍令第一号大本営令
第一条　天皇ノ大纛下ニ最高ノ統帥部ヲ置キ之ヲ大本営ト称ス
大本営ハ戦時又ハ事変ニ際シ必要ニ応シ之ヲ置ク
第二条　参謀総長及軍令部総長ハ各其ノ幕僚ニ長トシテ帷幄ノ機務ニ奉仕シ作戦ヲ参画シ終局ノ目

的ニ稽ヘ陸海両軍ノ策応協同ヲ図ルヲ任トス

第三条　大本営ノ編制及勤務ハ別ニ之ヲ定ム

この大本営令と従前の当該条例の差異は、次の如きものであり、内閣との関係が全く絶たれていることが注目されなければならない。

(一)　従前においては内閣総理大臣の副署を以てする勅令の形式によって制定され、これは本勅令案が閣議を経たことを証するものである。これに反して大本営令は「統帥ニ関スル事項」として、内閣とはなんら関係なく、帷幄上奏により軍令の形式を以て制定されている。

(二)　新令の下においては、大本営は戦時の外事変に際してもこれを置くことができる。

(三)　大本営の編制及び勤務は別に定めることとし（第三条）、旧令中の「高等部」は削除されている。

昭和一二年「十一月二十日大本営を宮中に設置されたり」と陸海軍両省から発表された。なお同日附を以て大本営陸海軍部当局談が発表され、その中において次の如く述べられている。

大本営の設置は、専ら統帥大権の発動に基き、平時統帥部と陸海軍省とに分掌せらるる、統帥関係事項の処理を一元化するを旨とする、純然たる統帥の府にして、これが設置により、統帥と国務との職域、責任の分界に、何等の変化を生ずるものにあらず、巷間往々にして大本営は統帥国務統合の府なりとし、或は戦時内閣の前身なりと憶測するが如きものあるも、これ全く根拠なき浮説にして、今次の大本営設置の真意にあらざること勿論なり。ただ現下の如き状況に及びては、政戦両略の一致を期するため、大本営と内閣との連絡協調は、特に緊密なるを要するを以て、陸海軍大臣が之に当るの外、大本営幕僚長と関係閣僚等とは、必要に応じ、随時合同して隔意なき意見の交換を行ひ、重要条件については、御前に会議を行はせらるるが如き前例も、また採用せらるることあるべしと拝察せらる。

昭和一二年一一月一九日の閣議において、陸軍大臣の説明を諒として左の如き決定がなされた。

一　大本営と政府との連絡については政府と大本営のメンバーとの間に「随時会談」の協議員を作り随意にこれを開くこととする。

この両者の会談は特に名称を附せず、また官制にもよらず事実上の会議とする。

一　随時会談は参謀総長、軍令部総長の外陸海軍大臣、総理大臣及び所要の閣僚を以て構成するが、閣僚の詮衡については内閣書記官長と陸海軍省軍務局長において討議すべき事項と共に人選をなすこととする。但し実際の運用については、参謀総長、軍令部総長は出席されず、参謀次長、軍令部次長が主として出席する。

一　新に重要なる事項の場合に御前会議を要請し参謀総長、軍令部長の外陸海軍大臣及び特旨に依り総理大臣が列席し、場合によつては思召により閣僚も列席することもある。御前会議は総理大臣より奏請する場合と参謀総長、軍令部総長より奏請する場合とする。

満州事変から日華事変を経て太平洋戦争における全経過において、戦争が総力戦となったにも拘わらず、このような戦争指導の方式がとられたことは、如何に説明さるべきであろうか。

前にも述べられているように、一九世紀における戦争指導は、いわば軍隊指導、戦略であった。戦争が全体性を獲得するに至ったときにおいては、このような戦争指導の方式はもちろん妥当するものではない。陸海軍それぞれの指導の外に、両軍の単一指導を必要とし、これに加えるに政治、経済及び精神指導が要求され、更に全戦略の指導に当たる全戦争指導が行われなければならない。太平洋戦争に際してこのような戦争指導が行われなかったのには、いくたの原因が存するであろう。まず第一に総力戦と統帥権の独立がどんな関連にあるべきかに関し、軍部が統帥権独立を擁護するあまり、一九世紀的な戦争指導の方式を止揚することができなかったことがあげらるべきであろう。軍部の政治界への進出により国民の政治力の発展は妨げられ、言論出版の自由は抑制され、戦争指導が軍部を中心とする軍人及び官僚等によってなされ、政治的見地がみのがされていたこと等々もあげられなければならないであろう。

昭和一六年中の日米交渉に関し第三次近衛内閣は、近衛首相が書き残した『重臣会議ノ求メニ依リテ送ラレタル日米交渉経過並総辞職顛末』が示すが如く「支那ニ於ケル撤兵、駐兵問題」について陸軍大臣東条英機の主張のために遂に総辞職をなすに至った。次いで成立するに至った東条内閣の下に遂に戦端は開かれた。日米交渉の、日本側における不成立の主因として、

外相松岡の極端なる野心的性格の影響、仏印南部進駐、それに国際政局に疎い陸軍の強硬論を代表した陸相が、中国撤兵に反対した態度

をあげるのが、一般の定説である。

このような主張の下に日本国及び日本国民を破滅に導くような戦争に突入するに至った。ここでビスマルクがかつてプロイセン軍人の人物評をなしていることを想起しなければならない。

プロイセン軍人の理想的典型は、その上長の命令の単なる承認の下に、己を棄て且つ恐怖心を有せず確定的な一死を以て戦闘に参加することである。しかしもしもかれが自己の責任を以て行動し

なければならないならば、その上官及び世間の批評を、かれが死を恐れるよりも恐れ、かれがなさんとするいずれかの決断の活気及び正確性は、非難及び譴責の恐怖によって害される。

ビスマルクのこのような見解は、東条首相の心境にも妥当するところがあるであろう。

太平洋戦争中しばしば御前会議及び重臣会議が開催された。「御前会議」は明治天皇以来の政治的慣行であって、枢密院又は大本営の会議への親臨とともに重要視されなければならない。

御前会議とは天皇の御前における会議であり、しかも非公式なものである。国家重大事項の審議のため開催される。この会議に列する者は、かつては元老のみ、ある場合においては元老と国務大臣、元老、国務大臣及び軍部の最高地位にある者、元老なき後には、国務大臣及び軍部関係者等であり、これらの者が参集の上、この会議が御前において開催された。御前会議における決定は、むしろ方針の決定とみなすべきであって、そのまま国法上有効となるものとは解すべきではないであろう。この決定であって、国務に関するものは国務大臣の輔弼によって裁可され、統帥に関するものは統帥部の帷幄上奏によって允裁されることを要した。

「重臣会議」は元老なき後において、意義を有するに至った。その構成に関しては公表されなかったが、前首相たち及び枢密院議長等を以て組織されたようである。後任首相の奏薦等の重要な国策の審議にあたった。そしてこれら重臣―前首相は単独に拝謁し、各自の意見を上奏せしめられたこともあり、また宮中において政府と合同の会議を開いたこともあった。だがこれら重臣の多くは軍部に同調する者であって、軍部の承認の下にその地位にあたったようであり、政治的には多くを期待することができなかった。

昭和一八年二月二日東条首相は衆議院予算総会において、「連絡会議」に関して次の如き答弁をなしている。

国務と作戦の調和に関しては、最高の機関として統帥府と政府の連絡会議によることとする。総理大臣としては国務について一から十まで承知している。また幸いに現役の大臣として統帥に関しては統帥の帷幄に参画ということによってこれまた一から十まで承知している。ここにおいて統帥上の機微の関係を直ちにとらえて国務の上にこれを反映させ、また国務の推移を作戦の機微なる上に反映させていくという作用はここにおいてはじめてできるのである。以上のような形はこれを変態であると信ずる。現役の軍人が総理大臣になるのはおかしなことである。しかしながら戦争を対象としての上においてはこれが最も大事な姿勢であると考える。将来陸軍大臣をやめる場合において総理大臣としての重大なる決意をなすときである。

昭和一九年二月二一日陸軍大将東条英機は参謀総長、海軍大将島田繁太郎は軍令部総長に親補された。ここに東条英機は首相及び陸相の外に参謀総長といった一人三役、島田繁太郎は海相及び軍令部総長といった一人二役となった。ここにさきに述べられた第一次世界戦争における、プロイセン・ドイツのフォン・ファルケンハイン将軍の先例が想起されなければならない。国務及び統帥の首脳者の人的結合は、国務と統帥の緊密化を図るためになされた対策であった。* ここに憲法上の輔弼の責任を有する国務大臣と、統帥に関してのみ国法的ではない責任を有する統帥部首脳者が結合されたことは、その責任の限界を明確にすることができなかったばかりか、戦争中の劇務が人力に余るものがあった。この方式によっても、所期の目的を達成することができず、これがやがて東条内閣の退却の一因ともなった。

＊　このような人的結合がなされた主な動機は、「統帥部の作戦上の要求が強きにすぎ、ために政略が引きずられ且つ国力のやりくりが非常にむずかしくなってきたこと。直接的な動機としては、米機動艦隊のトラック島攻撃により航空戦力増強の緊要性を痛感させられたこと等」があげられている。

東条英機が極東軍事裁判所に提出した宣誓口供書中において、次の如く述べられている。

統帥権と国務の問題は歴代内閣がその調整に苦心した。私が昭和十九年二月、総理大臣として参謀総長を拝命するの措置に出たのもこの苦悩より脱するための一方法として考えたものであった。しかもこの処置においても海軍統帥には一手をも染め得なかった。作戦の進行にともない軍部、ことに大本営として政治上の影響力を持つことは戦争指導上作戦の持つ重要さの所産であって戦争の本質上やむを得ない所である。

昭和一九年七月一八日東条首相は内閣改造に困難を感じ、遂に総辞職をなすに至った。次いで小磯国昭を首班とする小磯、米内連立内閣が組織されるに至った。

昭和一九年八月五日情報局発表によれば、

今般御裁可を経て戦争指導の根本方針の策定及政戦両略の吻合調整に任ずる為最高戦争指導会議設置せられたり。右に伴い従来の大本営政府連絡会議は廃止せらる。

尚別に毎週定例的に政府大本営間に於て情報交換を行うこととせり。

とあった。この会議は官制によって制定されたものではなく、小磯首相並びに梅津及び及川陸海軍幕僚長から上奏裁可を仰いだものである。統帥に関する大本営会議と相並んで、この会議が設置されるに至

った。当時小磯首相が発表した謹話によれば、

　最高戦争指導会議を構成する者克く渾然一体となり戦争指導に関する最高方針の策定及政戦両略の調整に万遺憾なきを期し以て大東亜戦争の完遂に邁進すべし

との御言葉があった。

東条首相は兼任陸軍大臣の資格において、大本営の会議に列することができた。昭和二〇年三月小磯首相は特旨によって大本営にあって、作戦の状況を審かにし、大本営陸海軍幕僚長及び陸海軍大臣とともに、戦争指導の会議に列することができた。

小磯首相は昭和二〇年四月五日辞表を提出した。この辞表中には、

　国務統帥何レモ是正ヲ要ス

とあり、小磯首相が大本営内閣を組織しなければならないとの意図を有していたことが表示されている。ここに大本営内閣とは首相が大本営に列し、戦争指導にも携わる内閣を意味している。小磯首相は当時現役復帰の意思を表明し、軍部の拒絶にあい、* 辞意を決定したと、極東国際軍事裁判所における被告としての証言がなされている。

＊　小磯米内連立内閣組織に際し、予備役米内光政は、「海軍大臣在任中特ニ現役ニ列セシム」により海軍大臣たることができた。

次いで鈴木貫太郎内閣が組織され、米内海相は留任した。昭和二〇年四月一九日情報局発表によれば、

　本日特旨に依り鈴木内閣総理大臣は爾今大本営に於て作戦の状況を審かにし且大本営陸海軍部及

陸海軍大臣と共に戦争指導の議に列することに定められたり。

とあり、なおこの内閣の下においても最高戦争指導会議を並行した。これは後者が未だ以て十分ではなかったことに基いたようである。

このように首相の大本営の参列は、最高戦争指導会議を継続することに決定された。統帥と国務が牽連する部面に関する限り、他の参列員と同等の発言権を有せしめることとし、以て戦争指導に寄与せしめんとしたようである。首相が大本営の会議に参列し、明確に作戦の状況を把握するとともに、統帥を指導することができず、単に統帥と国務が牽連する部面に関してのみ発言し且つ政治的責任を負担するとなされた。だが首相が大本営における、他の決定に関しても、たとえそれに参加することができなかったとしても、その決定を甘受して引き続いて留任するならば、その責任なしとは断じ難かったであろう。

太平洋戦争に際しては、右に述べられたような戦争の最高指導の方式に終始し、統帥権の独立の原則が厳守され、遂に「統帥と国務の一体的運営」は勿論、「政戦両略の一致」又は「統帥と国務の吻合」は、なんら達成されなかった。これは明治憲法の本質的構造に基く悲劇的できごとといわれなければならない。

太平洋戦争における作戦の指導はどんなに行われたであろうか。陸海両軍において、それぞれ同格の軍令直隷機関が存在し、しかもそれぞれにおいてこれらを綜合調整する機構が設置されず、また陸海軍に通ずる、一元的な最高直隷軍令機関も設置されなかった。

陸海軍における作戦の指導に関しては、われわれは今日容易に専門家によってなされた著書*を見ることができるから、ここには省略することとする。

＊　高木惣吉『太平洋海戦史』（岩波新書一二）昭和二四年、林三郎『太平洋陸戦概史』（岩波新書五九）昭和二六年。

> マリアナ、比島の守りを失い、沖縄の運命既に定まった後に祖国をあげて焦土と化し、老幼婦女を屠殺の生贄とするも辞せない作戦計画（高木前掲一五四頁）

がとられ、

> 陸軍では万一の事態に備え、長野市の郊外に仮皇居を概定していた。また十九年ごろから長野県の松代町に、大規模な洞窟式大本営を秘かに構築していた（林前掲二五三頁）

は、ヒットラーが軍事指導への影響力を失った後においても、なお続けられた二つの計画と比較することができる。その一は「アルプス要塞」Alpenfestung の思想である。判断力がある将校たちによって指導されていた多くのドイツ団体は、このアルプス要塞を信じ、この要塞において軍隊を助けることができるために、天険によって戦わんとした。これはヒットラーの妄想にすぎなかった。その二はドイツを粉砕せんとするヒットラーの命令である。ドイツは勝利を獲得することができないから、勝利者の権力によってではなく、その戦帥 Feldherr 及び独裁者の意思によって抹消さるべきとするものである。このような思想はヒットラーに個人的に出遇った人によってのみ理解されるとなされている。

このように独裁的な戦争指導は、東西その軌を一にしており、個人の自由が全く無視されていた。

一九四五年七月二六日ポツダム宣言が発表され、昭和二〇年八月六日には広島に、次いで九日には長崎に原子爆弾が投下され、また九日にはソヴェート・ロシアとの間に交戦状態が生ずるに至った。九日に行われた第二回目最高戦争指導会議において、外務大臣案である、皇室大権の確認のみを以て条件とする、ポツダム宣言の受諾が、天皇によって裁断され、八月一〇日政府は連合国に対し、ポツダム宣言中には

天皇国家統治ノ大権ヲ変更スルノ要求ヲ包含シ居ラサルコトノ了解ノ下ニ

同宣言を受諾する旨を回答した。八月一二日連合国からの回答が到達し、一四日御前会議——最高戦争指導会議が開催され、ここに太平洋戦争終結の決定がなされた。

明治憲法における政治憲法と軍事憲法の対立は、かくしてその最終段階に至り、始めて天皇の親裁によって克服された。しかしこれは全く後れ馳せのものであった。政治憲法と軍事憲法が対立する明治憲法の本質が、今次の敗戦を決定したところの、唯一の原因では、もちろんなかったとしても、憲法的見地からは、最も重要視されなければならない。

昭和二〇年九月二日の降伏文書によって、無条件降伏が布告され、武装が解除され、ここに明治軍制は完全にその終りを告げるに至った。

藤田嗣雄（ふじた・つぐお）

1885年生、1967年歿。法制史学者。1910年東京帝大卒。朝鮮総督府勤務を経て1918年から1919年陸軍省参議官として軍政研究に従事。1932年陸軍大教官。1937年「軍政に関する研究」により法学博士。1950年国立国会図書館立法考査局専門委員。1957年から1966年上智大学法学部教授。主著『軍隊と自由』『明治軍制』『天皇の起源』『明治憲法論』『新憲法論』。画家の藤田嗣治は実弟。

軍隊と自由　シビリアン・コントロールへの法制史

刊　行　2019年5月
著　者　藤田 嗣雄
刊行者　清 藤　洋
刊行所　書 肆 心 水

135-0016 東京都江東区東陽 6-2-27-1308
www.shoshi-shinsui.com
電話 03-6677-0101

ISBN978-4-906917-91-4　C0032